AF596882

NOTICE

SUR LA

Compagnie Agricole et Industrielle D'ARCACHON.

PARIS. — IMPRIMERIE DE BOURGOGNE ET MARTINET,
RUE JACOB, 30.

NOTICE

SUR LA

Compagnie Agricole et Industrielle D'ARCACHON,

SUIVIE

DE DIVERS DOCUMENTS RELATIFS A SES OPÉRATIONS, AINSI QU'A LA CONSTRUCTION DU CANAL ET DU CHEMIN DE FER QUI FACILITERONT LE TRANSPORT DE SES PRODUITS.

PAR

M. Hennequin,

Ancien Chef de Bureau au Ministère de la Marine, membre de la Légion-d'Honneur.

Paris,

MADAME HUZARD, LIBRAIRE,
RUE DE L'ÉPERON, 7

CARILIAN-GOEURY, LIBRAIRE
DES CORPS ROYAUX DES PONTS ET CHAUSSÉES ET DES MINES;
Quai des Augustins, 41

DELAUNAY, AU PALAIS-ROYAL.

1838.

NOTICE

SUR LA

Compagnie Agricole et Industrielle

D'ARCACHON.

Des entreprises plus ou moins hasardeuses sont offertes tous les jours à un public avide, et sont acceptées aveuglément. On ne demande pas si une affaire repose sur des bases solides, si le fonds social est représenté par une valeur réelle, si les gérants sont des hommes probes et habiles ; on accueille sans examen et avec une étonnante crédulité les calculs les plus exagérés, et tout présage de nombreuses catastrophes dans un avenir peu éloigné. Il ne serait pas à craindre que nos regards fussent affligés en se portant sur des ruines accumulées par cette fièvre ardente de spéculation, si l'industrie était menée dans une voie plus sage; alors, elle pourrait rendre à la France les plus importants services.

Toutefois, nous devons reconnaître que dans le grand nombre de sociétés en commandite, il en est qui doivent réaliser de nobles et patriotiques projets, et qui reposent sur des bases rassurantes pour les capitalistes qui les ont protégées de leur fortune comme de leur crédit.

Parmi celles qui présentent les garanties les plus grandes, se trouvent les compagnies qui se sont formées pour mettre en valeur d'immenses terres incultes, et qui savent réunir, par une alliance féconde, la rassurante stabilité de l'agriculture aux résultats brillants de l'industrie.

L'une d'elles, la Compagnie agricole et industrielle d'Arcachon, mérite d'être remarquée par la perfection de son organisation, comme par ses succès, et nous croyons rendre service au public en le mettant à portée de l'apprécier par une notice accompagnée de documents officiels.

Cette Société a été constituée en commandite, le 4 février 1837, suivant acte reçu par MM^{es} Fremyn et Thiac, notaires à Paris.

Elle a pour objet principal l'exploitation des terres, bois, marais, chutes d'eau, minières et plaines arrosables composant les vastes domaines qui lui appartiennent dans les communes de la Teste, de Gujan et du Teich (arrondissement de Bordeaux), communes renfermant une population de 8,000 âmes.

La plaine de Cazau, qui forme la presque totalité de ces propriétés, présente une superficie, d'un seul tenant, de près de huit lieues carrées, ou environ 12,000 hectares, dont plus de 1,000 situés sur la commune du Teich, sont couverts de pins résineux de divers âges (1).

Cette belle plaine, dont le croquis est ci-contre, touche d'un côté au bassin maritime d'Arcachon,

(1) Le pin résineux est l'arbre qui réussit le mieux sans culture dans les landes ; il est propre à ce sol, et n'exige que peu de dépenses premières. Lorsqu'un canal et un chemin de fer auront mis en communication plus active la Teste avec Bordeaux, les pins des environs du bassin d'Arcachon acquerront une valeur bien supérieure à celle qu'ils ont aujourd'hui.

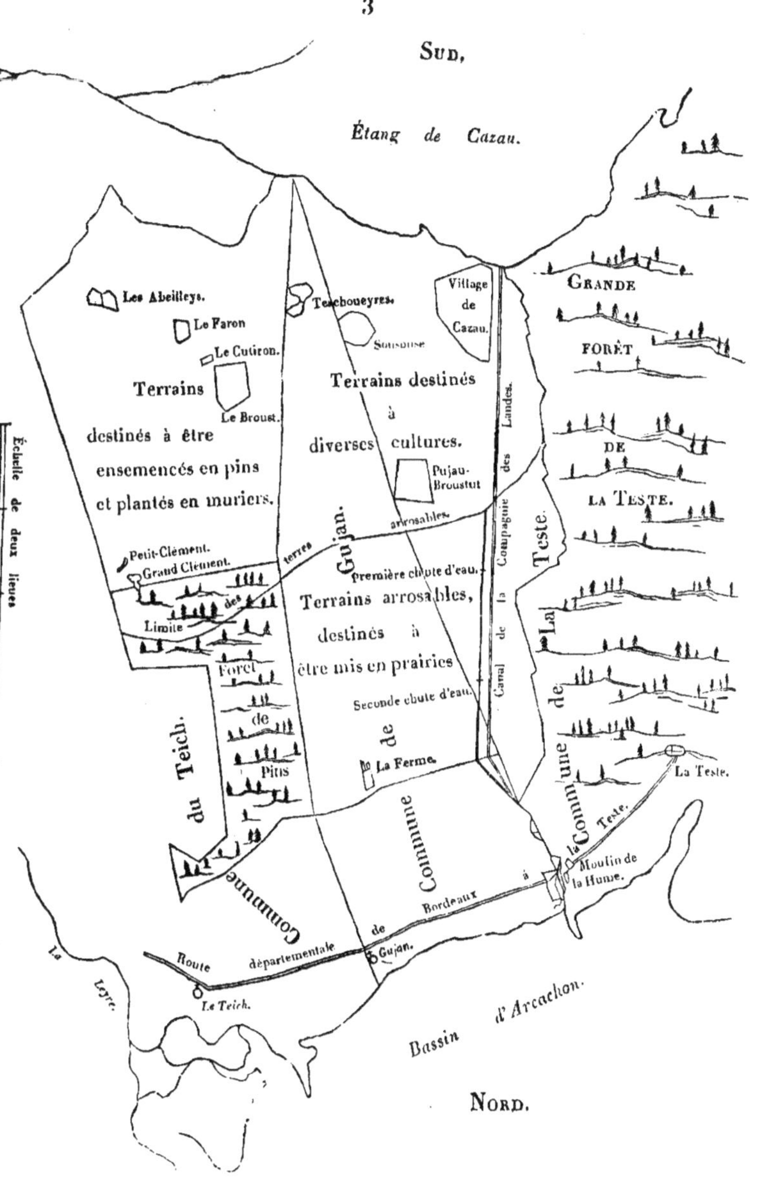

Sud.
Étang de Cazau.
Les Abeilleys.
Le Faron
Le Cutiron.
Le Broust.
Terrains destinés à être ensemencés en pins et plantés en muriers.
Petit-Clément.
Grand Clément.
Limite des terres arrosables.
Forêt de Pins
Commune du Teich.
Teschoueyres.
Sousouse
Terrains destinés à diverses cultures.
Pujau-Broustut
Village de Cazau.
Canal de la Compagnie des Landes.
Commune de Gujan.
Première chute d'eau.
Terrains arrosables, destinés à être mis en prairies
Seconde chute d'eau.
La Ferme.
Commune de La Teste.
Grande Forêt de La Teste.
La Teste.
Moulin de la Hume.
Route départementale de Bordeaux à la Teste.
Gujan.
Le Teich.
La Leyre.
Bassin d'Arcachon.
Nord.
Échelle de deux lieues

qui fournit par mer un débouché à ses produits ; et de l'autre côté, elle est bornée par le grand étang de Cazau, élevé de vingt mètres au-dessus de ce bassin.

Sur les vastes terres cultivables qu'elle renferme, il y a près de 4.000 hectares situés à un niveau plus bas que celui de l'étang, et susceptibles d'être arrosés. A l'étang de Cazau communiquent ceux de Biscarosse et de Parentis ; la superficie de ces immenses réservoirs n'est pas moins de deux cents millions de mètres carrés, et leur profondeur va jusqu'à quarante-cinq mètres. Ils doivent alimenter le canal que construit en ce moment la Compagnie dirigée avec zèle et habileté par M. le vicomte Levavasseur. Ce canal traverse la plaine de Cazau dans toute sa longueur. La différence de niveau permettra de ménager vers la partie inférieure de grandes chutes d'eau qui donneront, pour le moins, une puissance motrice de cent cinquante chevaux.

Partout, la plaine de Cazau présente une couche de bonne terre de un à trois pieds de profondeur, et qui est enrichie depuis un temps immémorial par les générations de végétaux qui lui ont légué leurs débris. Les pluies de l'hiver que reçoit cette épaisse couche s'infiltrent de manière à lui communiquer une humidité féconde capable de résister aux chaleurs de l'été ; aussi est-elle susceptible de recevoir des cultures très variées en céréales, plantes légumineuses, tuberculeuses, oléagineuses et fourragères. Ces dernières, et notamment le trèfle incarnat, donnent de grands produits dans des terres semblables (1).

(1) Voyez le Discours de M. le comte de Bonneval, adressé à l'assemblée générale du 15 février 1858, pages 51 et suivantes.

La plaine de Cazau est une partie privilégiée des bonnes terres voisines du bassin d'Arcachon ; elle offre des éléments de production bien supérieurs à ceux attribués aux Landes, en général, par les hommes spéciaux qui se sont occupés de vivifier ces vastes déserts. Située dans une contrée peuplée, elle réunit aux avantages qu'elle présente par la position topographique, la bonté du sol, les moyens d'irrigation, plusieurs importants débouchés qui vont être complétés par le chemin de fer de Bordeaux à la Teste, dont la construction a été autorisée par la loi du 17 juillet 1837.

Cette construction va être exécutée par une Société anonyme fondée par neuf des principales maisons commerciales de Bordeaux, et qui a pour banquiers MM. de Rothschild frères, et pour ingénieur en chef M. de Vergès (1).

Ce chemin, qui fera, en quelque sorte, de la petite ville de la Teste un faubourg de Bordeaux, n'aura pas seulement pour résultat de rendre plus économique et plus rapide le transport des voyageurs et des marchandises, mais il déterminera la création de nouveaux produits agricoles, il fécondera le pays qu'il doit traverser, et activera généralement toutes les améliorations projetées dans les Landes.

Il y a lieu de croire que cette importante voie de communication sera achevée dans deux ans, et alors elle procurera des avantages incalculables, notamment à la compagnie d'Arcachon, dont elle longera les pro-

(1) Il est à remarquer que cette société a obtenu des souscriptions pour une somme de 65 millions, tandis qu'il ne fallait, pour construire le chemin de fer, que 5 à 6 millions. C'est une preuve de l'importance qu'on attache au mouvement agricole qui s'opère dans les environs du bassin d'Arcachon.

priétés. Cette compagnie pourra à peu de frais charger les wagons de ses fourrages, de ses grains, des résines et des bois provenant de ses forêts de pins, enfin de tous les produits de son sol et de ses usines.

La plaine de Cazau n'aura donc bientôt plus rien à envier aux plus belles parties du territoire de Bordeaux, et elle fournira un exemple remarquable de tout le parti qu'il est possible de tirer des environs du bassin maritime d'Arcachon.

Déjà la Compagnie d'Arcachon a commencé avec de rapides succès le grand mouvement agricole qui doit utiliser les trésors que renferme cette intéressante contrée; ce mouvement n'a plus à vaincre aucun des obstacles qui s'opposaient à la fertilisation dont elle est susceptible, les eaux ne la désolent plus, les desséchements sont presque tous opérés, et les voies de communication les plus importantes lui sont assurées. Tout concourt enfin à la faire sortir de cet état sauvage dans lequel elle a été laissée si long-temps; état qui n'excitait point la sollicitude des Bordelais, alors qu'ils se livraient presque exclusivement aux opérations commerciales les plus lointaines.

Dans le nombre des avantages qu'offrent les propriétés de la Compagnie, nous ne devons point omettre le minerai et le combustible, qui s'y trouvent en grande abondance, ainsi que dans son voisinage, et qui lui permettront d'établir des hauts-fourneaux qu'on pourra alimenter pendant long-temps avec le charbon de racines de bruyères, dites vulgairement *brandes*, provenant des défrichements. Cependant les directeurs-gérants, qui connaissent les dangers qu'offrent souvent les spéculations industrielles, même les plus belles, ont l'intention de n'agir qu'avec la plus grande circonspection dans l'établissement des usines; ils se borneront à celles qui seront jugées indispensables, et qui pourront se combiner avec les cultures; car ils veulent surtout que la Compagnie reste principalement *agricole*, et c'est là ce qui lui donnera son plus grand caractère de stabilité.

A tous les moyens de succès que réunit la Société d'Arcachon, nous ajouterons ceux qui résultent du système de colonisation que ses directeurs-gérants ont eu l'heureuse idée d'adopter. Ce système, qui est développé dans le Rapport de la gérance à l'assemblée générale du 15 février 1838 (1), consiste principalement à former de grandes divisions confiées à des hommes spéciaux, ayant déjà fait leurs preuves en agriculture, et présentant des garanties de fortune.

Les gérants ont sagement calculé qu'ainsi, ils évitaient beaucoup de constructions, qu'ils diminuaient la masse des faux-frais, le nombre des employés, en même temps qu'ils simplifiaient l'administration et assuraient de plus grands produits.

Ils ont également reconnu le danger que présentait la colonisation par les indigents. Les malheureux résultats qu'a eus, notamment en Hollande, ce mode de colonisation, leur ont démontré combien il était difficile d'établir, entre la terre improductive et l'homme misérable, une union qui pût opérer une

(1) Voir ce Rapport, pages 27 et suivantes.

double métamorphose, en mettant celui-ci dans l'aisance et en fécondant le sol inculte.

La colonisation par les cultivateurs ordinaires présentait aussi des inconvénients qu'ils ontsu apprécier, et ils ont partagé l'opinion émise à ce sujet par M. le comte de Bonneval, dans son Rapport au Conseil d'agriculture, tenu le 15 novembre 1837, et qu'il a exprimée en ces termes :

« En France, et surtout dans les Landes, il est im»possible de coloniser par des colons ordinaires. Que »sont en effet ces colons ? presque toujours des hommes »d'une intelligence bornée, routiniers par habitude, »indolents, insouciants par caractère, et, à chaque pas, »découragés par leur manque de connaissances.

»Il est une autre espèce de colons spéculateurs, se »disant industriels, mais, par le fait, véritables sang»sues des terres livrées à leur cupidité, et qui ne quit»tent le sol qu'après en avoir aspiré toute la substance »vitale; toute leur capacité, tout leur savoir-faire con»siste à en obtenir la quintessence dans un délai donné.»

La Compagnie d'Arcachon ne livre pas ses propriétés à de pareils hommes; elle les confie à des notabilités agricoles qui lui présentent toutes les garanties désirables; à des propriétaires agriculteurs qui réunissent aussi celles de la fortune, mais qui veulent bien se livrer aux soins de la grande culture, autant par la passion si élevée du bien public, par la gloire qui s'attache à l'accomplissement d'une œuvre grande et noble, que par les produits importants qu'ils attendent d'un sol fertile.

Nous devons citer comme dignes de remarque les traités passés pour l'établissement de trois directions entre la Compagnie, et MM. le comte de Bonneval, le marquis de Mazan et le baron de Blacas. Ces traités concilient parfaitement les intérêts des directeurs avec ceux de la Société d'Arcachon. On ne peut qu'être frappé de la prévoyance des dispositions qui assurent la colonisation, la mise en culture à prix fixe et la continuation à moitié fruits de l'exploitation des terres ; tout y est combiné de manière à faciliter les succès auxquels les directeurs attacheront leurs noms (1). Ces succès seront dignes d'eux ; le bien qui s'opère par les sommités sociales a toujours un caractère incontestable de grandeur et de durée.

Que ne doit-on pas attendre de la noble émulation qui va les animer ? Chacun d'eux ambitionnera et sera fier de concourir à une œuvre aussi utile que celle de fertiliser une partie importante de la France, un sol vierge situé au milieu d'une de nos plus belles provinces, et qui accusait la civilisation de le laisser dans l'oubli depuis tant de siècles.

Le système de colonisation adopté par la Compagnie d'Arcachon s'appuie sur la pensée dominante de l'école économiste. En effet, nous lisons dans le *Tableau économique* du docteur Quesnay, reproduit depuis sous le titre de *Maximes générales d'un royaume agricole*, le passage suivant : « Que les terres employées à la culture » des grains soient réunies, autant que possible, en » grandes fermes exploitées par de riches agriculteurs ;

(1) Les directions et sous-directions porteront le nom des agriculteurs distingués auxquels elles seront confiées.

» alors il y aura moins de dépenses à faire pour l'entre-
» tien et la réparation des bâtiments, et à proportion
» beaucoup moins de frais et de non-valeurs, consé-
» quemment beaucoup plus de produit net dans les
» grandes entreprises agricoles que dans les petites.

» Que l'on facilite les débouchés et les transports des
» produits par l'entretien des chemins, par la naviga-
» tion des canaux, des rivières et de la mer; car plus on
» épargne sur les frais, plus on accroît les revenus du
» territoire. »

Ne dirait-on pas que ces lignes ont été écrites pour le temps présent, et qu'il était réservé aux directeurs de la Compagnie d'Arcachon de profiter, au XIXe siècle, des hautes leçons d'agronomie données par les *économistes* et de les mettre en pratique dans l'exécution d'une entreprise qui offre tant de titres à la confiance publique.

On reproche généralement aux Sociétés d'actionnaires le peu d'importance des objets sur lesquels repose le fonds social, l'incertitude du paiement des intérêts des fonds versés, l'incapacité des gérants, le peu de garantie personnelle qu'ils présentent, la quantité d'actions industrielles dont ils grèvent la Société avant qu'elle puisse agir, et mille autres circonstances qui rendent souvent à juste titre les capitalistes prudents jusqu'à la méfiance. Aucun de ces reproches ne peut atteindre la Compagnie d'Arcachon, et elle est, au contraire, destinée à prouver que les capitaux qui lui seront confiés ne pouvaient être placés avec plus de sûreté et plus d'avantages.

Il est à remarquer d'abord, qu'aux termes de l'acte

social, les gérants ne se sont réservé aucune action industrielle dans la formation de l'entreprise ; ils apportent leur propriété à la Compagnie pour ce qu'elle leur coûte; ils ne retireront de bénéfices que dans le cas de réussite et après avoir servi aux actionnaires un intérêt de 5 p. 0/0 de leurs fonds.

Leur garantie n'est point illusoire, puisque, d'après les statuts, ils ont versé dans la caisse de la Société 150,000 fr. en espèces, qui ont été convertis en actions nominatives de la Compagnie, actions qui demeurent *inaliénables*, comme garantie de leur gestion, en sorte que les actionnaires ont d'avance la certitude que l'intérêt des gérants est, non seulement de veiller à l'emploi des fonds qui leur sont confiés, mais aussi à la conservation de leur propre fortune.

En examinant ensuite un point non moins important et non moins délicat dans toute formation de société en commandite, c'est-à-dire les garanties de moralité et de capacité que doivent présenter les gérants, on voit que, pour la Compagnie d'Arcachon, les antécédents de ses trois directeurs sont on ne peut pas plus honorables.

Le premier, M. le comte de Blacas Carros, président de la gérance, a suivi pendant plusieurs années, avec distinction, la carrière administrative. En la quittant, il s'est livré à l'industrie agricole, et il y a obtenu des succès comme propriétaire cultivateur.

Les deux autres, MM. Wissocq et Cazeaux, anciens élèves distingués de l'École Polytechnique, étaient ingénieurs de la marine, corps dans lequel leurs connaissances les avaient fait remarquer. Ils ont quitté ces positions honorables pour coopérer à la direction d'une entreprise dans laquelle ils apportent, outre leurs connaissances spéciales, l'avantage de s'être trouvés en mesure d'étudier les propriétés actuelles de la Compagnie, lors des diverses missions qu'ils ont été chargés de remplir dans les localités où elles sont situées. Aussi la Compagnie générale de desséchement s'est-elle empressée de lier ses intérêts à ceux de la Société représentée par ces trois directeurs, et a-t-elle consenti à conserver en actions, pendant cinq ans, une somme de 400,000 fr. sur le prix des travaux qu'elle fait exécuter dans les propriétés de cette Société.

Ces travaux, qui font partie de l'apport social, sont très importants; ils consistent en semis de pins sur 4,000 hectares, et en travaux de prises d'eau, de canaux principaux et secondaires; enfin, en tous les ouvrages nécessités par un système complet d'irrigation qui sera appliqué sur au moins 3,000 hectares; ils consistent aussi en fossés de desséchement. Ces fossés sont déjà exécutés en très grande partie. Tous ces travaux sont compris dans le prix d'achat des terres de la plaine de Cazau, et cependant, elles ne reviennent qu'à 180 fr. l'hectare (3 arpents de Paris).

Bientôt, ces terres auront une valeur plus que décuple d'après les calculs des hommes spéciaux qui les ont étudiées, et particulièrement d'après ceux de M. le vicomte Goupy de Beauvolers, vice-président de la commission de surveillance de la Compagnie, habile agriculteur qui a exploré avec soin la plaine de Cazau, et qui a fait un examen attentif de l'entreprise dont il est un des principaux actionnaires.

Le résultat de cet examen a été consigné dans plusieurs rapports fort intéressants adressés par M. de Beauvolers, au Conseil d'agriculture, et à la Commission de surveillance.

Ces rapports signalent d'une manière développée tous les éléments puissants de fertilisation que réunissent les propriétés territoriales de la Compagnie, et portent jusqu'à trente millions la valeur que ces propriétés pourront acquérir progressivement dans l'espace de douze ans, par suite de l'application intelligente d'environ six millions aux travaux de l'agriculture et à ceux de l'industrie.

M. de Beauvolers insiste avec raison pour que l'exploitation ait lieu à prix fixe, tant pour les terres que pour les usines, afin que les actionnaires n'aient point à redouter les suites fâcheuses qu'entraîne le désordre qui règne souvent dans les opérations en régie, notamment dans celles qui sont purement industrielles. Ce mode présente, en effet, des avantages si évidents que la gérance s'est empressée de l'adopter, en fixant toutefois des conditions d'admission propres à assurer le bon choix des personnes qui doivent concourir à diriger l'exploitation

En résumé, on voit que la Compagnie d'Arcachon réunit les plus hautes garanties dans son organisation, comme les plus grands éléments de production dans ses propriétés, et que sous peu de temps elle pourra offrir à tout le département de la Gironde, et aux habitants de

Bordeaux en particulier, une grande quantité de produits divers.

Ces produits, notamment sous le rapport agricole, vont être créés avec une merveilleuse rapidité. Déjà des défrichements considérables sont exécutés et les ensemencements commencent. Les rapports adressés par les directeurs de colonisation renferment les détails les plus satisfaisants. Le sol de la plaine de Cazau est de plus en plus apprécié par ces habiles chefs d'exploitation, les bras ne leur manquent point pour le féconder, et ils donnent un grand développement à leurs travaux.

Autour de M. le comte de Bonneval, principal directeur de colonisation, se groupent plusieurs sous-directeurs distingués, parmi lesquels on cite MM. le baron de Blair, le baron de Chabannes, le marquis de Salvert. Déjà les places d'aspirants-sous-directeurs sont demandées de toutes parts; les notabilités se présentent en foule pour entrer dans l'arène agricole ouverte par la Compagnie d'Arcachon, dans cette noble et utile carrière où les premiers exploits porteront la vie dans une vaste contrée qui semblait vouée à la mort du désert, et la feront jouir des richesses qu'elle renferme.

Ces richesses ont déjà été appréciées par le public, et une prime s'est établie sur les actions de la Compagnie. Une partie très importante de son capital social est réalisée, et d'après une décision que viennent de prendre les directeurs-gérants, aucune action ne sera délivrée, à l'avenir, aux personnes étrangères à l'entreprise, sans qu'elles ajoutent au prix nominal une prime de 20 p. 0/0.

Les porteurs d'actions privilégiées ont un délai de trois mois (1) pour prendre au pair un nombre d'actions égal à celui qu'ils ont déjà. Cette prime est motivée à tous égards sur les grands bénéfices qu'on est en droit d'attendre d'une entreprise à laquelle tant de notabilités s'empressent d'apporter le concours de leurs talents.

La France doit se féliciter de la tendance des hautes classes de la société à contribuer aux entreprises industrielles par leur fortune et le poids de leur nom. C'est notamment vers celles qui ont pour but la fertilisation des terres incultes que se portent ces classes. Les hommes qui les composent n'ont pas une fortune à créer, ils ont à consolider celle qu'ils tiennent de leurs pères; ce ne sont pas les entreprises hasardeuses qui devaient avoir leur concours, mais bien celles qui, reposant sur le sol, et étant pour la France une conquête, leur offrent le plus avantageux de tous les placements.

Après avoir exercé, pour la plupart, de grands emplois sous l'empire et la restauration, ils ont pensé que ce serait encore servir le pays que d'apporter, dans les entreprises agricoles surtout, leurs connaissances et leurs sentiments innés d'honneur et de probité.

La Compagnie d'Arcachon a l'avantage de présenter la preuve de ce fait dans la composition de son administration, de sa commission de surveillance et de ses trois conseils, dont nous donnons ci-contre le tableau :

(1) Ce délai expire le 5 juillet prochain.

Conseil d'Agriculture.

MM.

LE DUC DE MONTMORENCY, pair de France.

LE COMTE DE BERTIER, ancien ministre d'État et ancien directeur général des Eaux et Forêts.

LE MARQUIS DE CHAMBRAY, maréchal-de-camp d'artillerie en retraite, membre correspondant de la société centrale d'Agriculture.

LE BARON DE MAISTRE, propriétaire, ancien officier supérieur des Gardes du Corps.

YVART, inspecteur général des Écoles vétérinaires et des Bergeries.

DUVERGER, propriétaire membre de la Société d'Agriculture du département de Seine et Oise.

HUERNE DE POMMEUSE, ancien député, membre de la Société centrale d'Agriculture.

LE COMTE DE BONNEVAL, propriétaire, membre correspondant de la même société.

POULLE, membre de la chambre des Députés, président à la Cour royale d'Aix.

LE VICOMTE GOUPY DE BEAUVOLERS, propriétaire.

LE BARON DE RIVIÈRE, propriétaire.

ROCHE, Gérant de la Compagnie générale de desséchement.

CAMILLE BEAUVAIS, propriétaire, directeur de la magnanerie modèle des Bergeries de Sénart.

LE BARON D'HAUSSEZ, propriétaire, ancien préfet des Landes et de la Gironde.

LE DUC DEVALMY, propriétaire.

Conseil d'Art.

MM.

BÉRIGNY, Inspecteur général des Ponts-et-Chaussées, député.

LE BARON DE BRAY, ancien conseiller du roi au conseil des manufactures.

LE VICOMTE HÉRICART DE THURY, Inspecteur général des mines.

MICHEL CHEVALIER, Ingénieur des mines, maître des requêtes.

PARTIOT, Ingénieur en chef des Ponts-et-Chaussées.

PERDONNET, Ingénieur, professeur à l'école centrale des arts et manufactures.

TALABOT, Manufacturier, membre de la chambre des députés.

DE SAINT-CRICQ, Membre du conseil général des manufactures.

VAUVILLIERS, Inspecteur divisionnaire des Ponts-et-Chaussées.

THURNINGER, ancien élève de l'Ecole Polytechnique, gérant de la compagnie générale de desséchement.

Commission de surveillance.

MM.

LE DUC DE MONTMORENCY, président.

LE VICOMTE GOUPY DE BEAUVOLERS, vice-président.

GUYARDIN, gérant de la compagnie générale de desséchement.

BESSAS LAMÉGIE, maire du 10e arrondissement.

LE BARON DE COULANGES, propriétaire.

LE COMTE DE DIVONNE, propriétaire, colonel en retraite.

DE LABOIRE, propriétaire.

Conseil du Contentieux.

MM.

HENNEQUIN, Avocat à la Cour royale de Paris, député.

MANDAROUX VERTAMY, Avocat aux conseils du roi et à la Cour de Cassation.

DUVERGIER, Avocat à la Cour royale de Paris.

DELAGRANGE, ancien Avocat aux conseils du roi et à la Cour de Cassation.

CALLEY DE SAINT-PAUL père, Avocat.

ARISTE BOUÉ, Avocat à la Cour royale de Paris.

VERNOIS, ancien notaire, à Paris.

CASTAIGNET, Avoué près le tribunal de première instance du département de la Seine.

GUIBERT, Avocat, agrégé près le tribunal de commerce.

FREMYN, notaire de la société.

THI C, *Idem.*

Administration.

MM.

Directeurs gérants:

LE COMTE DE BLACAS CARROS, propriétaire, président de la gérance.

WISSOCQ, ancien élève de l'Ecole Polytechnique.

CAZEAUX, ancien élève de l'Ecole Polytechnique.

Agents de Change.

MM.

BILLAUD.

FALCOU.

Les statuts de la Société d'Arcachon présentent aussi de hautes garanties par les sages dispositions qu'ils renferment. Voici l'analyse des principaux articles de ces statuts :

La Société est en commandite et par actions; sa durée est fixée à trente ans ; son siége est à Paris, quai Voltaire, n° 13; mais les directeurs-gérants font leur résidence sur les lieux où est situé le domaine de la Compagnie, excepté lorsque les actes de leur gestion ou les besoins de l'entreprise exigent leur présence ailleurs.

La propriété, avec tous les travaux de desséchement, semis de pins, droits traités et avantages, est apportée pour 232 actions; 200 autres sont réservées aux vendeurs pour les travaux de prise d'eau et d'irrigation, par suite du traité fait avec la Compagnie de desséchement.

Le fonds social est de huit millions, divisé en 1,600 actions de 5,000 fr. chacune; les actions sont nominatives ou au porteur; elles peuvent être divisées en coupons au porteur, de 1,000 fr.

L'actionnaire peut effectuer le paiement de ses actions en entier au comptant ou par quart, d'année en année; il n'est engagé que pour le montant de ses actions.

Indépendamment des dividendes qui pourront être distribués, l'intérêt des actions est fixé à 5 p. 0/0 payables, sans retenue, à la caisse de la Compagnie, les 22 mars et 22 septembre de chaque année. L'intérêt commence à courir du jour où le versement des fonds est opéré.

Une Commission composée de sept membres est instituée pour surveiller les opérations de la gérance, et présenter tous les ans un rapport à l'assemblée générale des actionnaires. Cette Commission peut déléguer un de ses membres pour se rendre sur les propriétés de la Compagnie, et y examiner ses opérations.

La Société d'Arcachon possède aussi un Conseil d'agriculture, dont les membres sont choisis parmi ceux de la Société royale d'agriculture, ou parmi les propriétaires cultivateurs les plus distingués.

Un Comité de colonisation qui est établi à la Teste, et qui est formé d'hommes recommandables par leurs connaissances dans l'industrie agricole.

Un Conseil d'art, pris parmi les ingénieurs et les personnes les plus marquantes dans leur spécialité, et enfin un Conseil du contentieux composé de jurisconsultes connus par leurs hautes lumières.

Ce Conseil a discuté et approuvé l'acte social.

Le 15 février 1838, a eu lieu, sous la présidence de M. le duc de Montmorency, la première assemblée générale de la Compagnie d'Arcachon. Nos lecteurs nous sauront gré, sans doute, de mettre sous leurs yeux le procès-verbal de cette assemblée, ainsi que les rapports et discours qui ont été prononcés dans cette séance.

Ils verront aussi avec intérêt l'organisation du Comité agricole de colonisation établi à la Teste par les directeurs-gérants; nous insérons également les pièces relatives à cette organisation.

Elles seront suivies de la loi sur la construction du canal entre le bassin d'Arcachon et l'étang de

Mimizan; de celle qui a autorisé la construction du chemin de fer de Bordeaux à la Teste; de l'ordonnance royale portant autorisation de la Société anonyme formée à Bordeaux pour l'exploitation de ce chemin; et, enfin, d'un plan des environs du bassin maritime d'Arcachon.

PROCÈS-VERBAL

DE LA

SÉANCE ANNUELLE

DU 15 FÉVRIER 1838,

TENUE PAR L'ASSEMBLÉE GÉNÉRALE

De la Compagnie agricole et industrielle d'Arcachon.

Cejourd'hui quinze février mil huit cent trente-huit, à midi, l'Assemblée générale annuelle des actionnaires de la Compagnie agricole et industrielle d'Arcachon, convoquée dans les formes prescrites par les articles 26 et 27 des statuts, s'est réunie au siége de la Compagnie, quai Voltaire, n° 13.

Etaient présents les actionnaires, ou leurs fondés de pouvoirs, dont les noms suivent :

M. le duc de Montmorency, pair de France, président de la commission de surveillance et de l'assemblée générale.

MM. le comte de Blacas Carros,
Wissocq,
Cazeaux.
} directeurs-gérants.

MM. le comte de Bonneval. — Le vicomte Goupy de Beauvolers. — Cottreau. — Bessas-Lamégie. — Le baron de Coulanges. — Duperré. — Esmangart de Bournonville. — Espivent. — Goussard. — Le comte de Divonne. — De Laboire. — Leroy. — Le comte d'Oysonville. — De Jocas. — Vernois. — Le vicomte d'Yzarn Freissinet. — Thurninger, Guyardin, Roche, gérants de la compagnie de dessèchement.

Étaient également présents :

MM. le marquis de Chambray, P. Duverger, Huerne de Pommeuse, le duc de Valmy, membres du conseil d'agriculture.

MM. le baron de Bray, le vicomte Héricart de Thury, Partiot, Vauvilliers, membres du conseil d'art.

MM. Hennequin, Mandaroux Vertamy Delagrange, Ariste Boué, Vernois, Guibert, membres du conseil du contentieux.

La feuille signée par les actionnaires ou leurs fondés de pouvoirs constate la présence de vingt-trois votants, représentant 296 actions.

La séance est ouverte à une heure.

M. le duc de Montmorency, président de la commission de surveillance, préside l'assemblée, conformément aux statuts, et il désigne pour secrétaire M. le comte de Bonneval.

Le rapport industriel des gérants est lu par M. le comte de Blacas, président de la gérance.

M. Wissocq, l'un des gérants, lit le rapport financier.

L'inventaire de la Compagnie est déposé sur le bureau du président.

M. le duc de Montmorency lit le rapport de la commission de surveillance, et il invite ceux de MM. les membres de l'assemblée qui auraient des observations à faire sur ces rapports à vouloir bien les présenter.

M. Espivent demande que M. Goupy de Beauvolers , membre de la commission de surveillance, qui a visité les lieux, veuille bien donner des détails sur ce qu'il a vu.

M. Goupy de Beauvolers se lève, et fait l'éloge de la qualité de la terre, qu'il a particulièrement étudiée, ainsi que de l'heureuse situation de la plaine de Cazau, et quant aux détails sur l'exploitation, il s'en réfère à M. le comte de Bonneval, arrivé récemment de la Teste.

M. le comte de Bonneval lit à l'assemblée un discours dans lequel, après avoir exposé l'heureuse situation de la plaine de Cazau, les travaux qui y ont déjà été faits, et ceux qui s'y exécutent, il jette un coup d'œil rapide sur l'ensemble des opérations de la Compagnie d'Arcachon, et il termine en annonçant à l'assemblée que la Compagnie possède tous les éléments nécessaires pour coloniser avec succès.

Le discours de M. le comte de Bonneval a été accueilli avec de vifs témoignages de satisfaction.

Après ce discours, M. le vicomte Héricart de Thury fait une observation tendant à ce que les racines de bruyères soient converties en cendres pour amender les terres, conformément à l'opinion de M. de Bonneval, qui paraît à M. Héricart de Thury peu d'accord sur ce point avec le rapport de la gérance.

M. le comte de Blacas fait observer que, dans ce rapport, il a énoncé que les racines de bruyères pourraient être utilement employées, soit pour alimenter des hauts-fourneaux, soit pour amender les terres, et que la gérance n'a pas voulu prendre une décision définitive pour convertir ces racines en charbon ou en cendres, avant d'être mieux éclairée par l'expérience.

M. Wissocq donne de nouvelles explications sur ce sujet, et M. Huerne de Pommeuse appuie ces explications.

M. le président met aux voix l'approbation des rapports faits par la gérance et par la commission de surveillance, ainsi que l'inventaire de la Compagnie.

Ces rapports et cet inventaire sont approuvés à l'unanimité.

M. Hennequin demande l'impression du discours de M. de Bonneval.

M. le comte de Divonne et M. le baron de Coulanges demandent l'impression du rapport de la commission de surveillance et de celui de la gérance.

Ces propositions, mises aux voix, sont également adoptées à l'unanimité.

M. le président annonce qu'il va être procédé à la nomination de la nouvelle commission de surveillance, en exécution de l'art. 28 des statuts.

M. le secrétaire fait l'appel nominal sur un état dûment certifié, indiquant le nombre d'actions possédées par chacun des membres de l'assemblée générale, et constatant que les actionnaires présents ayant droit de concourir à la nomination de la commission de surveillance sont au nombre de vingt, ayant trente-quatre voix sociales.

Chacun des vingt membres dépose son bulletin dans l'urne placée sur le bureau.

M. le président désigne pour scrutateurs MM. Guyardin et Leroy.

Les bulletins sont tirés de l'urne, et il s'en trouve trente-quatre, nombre égal à celui des voix attribuées aux actionnaires ayant le droit de prendre part à cette nomination, à laquelle MM. les directeurs-gérants ne concourent point, conformément aux statuts.

La majorité absolue est dix-huit.

D'après le dépouillement du scrutin, les votes sont répartis comme suit :

MM. le duc de Montmorency, 33. — Guyardin, 33. — Goupy de Beauvolers, 31. — Bessas-Lamégie, 30. — Le baron de Coulanges, 29. — Le comte de Divonne, 24. — De Laboire, 19. — Esmangart de Bournonville, 6 — Leroy, 6. — Espivent, 4. — Cottreau, 4. — Vernois, 4 — Le comte de Bonneval, 3. — Duperré, 2. — Sagey, 2. — Roche, 2. — De Jocas, 2. — Thurninger, 2. — Bosc, 1. — Le marquis d'Oysonville, 1. — Total : 238.

En conséquence, M. le président proclame membres de la commission de surveillance :

MM. le duc de Montmorency (1),
Guyardin,
Le vicomte Goupy de Beauvolers,
Bessas-Lamégie,
Le baron de Coulanges,
Le comte de Divonne,
De Laboire.

M. Thurninger demande qu'à l'avenir il soit délivré deux jetons de présence à chacun des membres de la commission de surveillance, chaque fois qu'elle se réunira.

Cette proposition, appuyée par plusieurs membres, est adoptée.

(1) Par délibération de la commission de surveillance, prise immédiatement après la séance de l'assemblée générale, M. le duc de Montmorency a été nommé président de cette commission, et M. le vicomte Goupy de Beauvolers vice-président.

L'ordre du jour étant épuisé, et personne ne réclamant la parole, M. le président déclare la séance levée.

Et, de tout ce qui précède, nous avons dressé le présent procès-verbal, ainsi que de la remise par nous faite à MM. les gérants, après les avoir cotées et paraphées, et pour être par eux déposées dans leurs archives, des pièces suivantes :

1° La liste des actionnaires ayant droit d'assister à l'assemblée générale, et indiquant le nombre d'actions possédées par chacun des membres de cette assemblée, liste qui a servi de feuille de présence.

2° L'inventaire de la Compagnie arrêté au 31 décembre 1837.

3° La feuille de l'ordre du jour.

4° Le rapport de la gérance.

5° Celui de la commission de surveillance.

6° Le discours de M. le comte de Bonneval.

Fait à Paris, au siége de la Compagnie, les jour, mois et an susdits.

Signé : Le Duc de MONTMORENCY, *Président.*

Comte de BONNEVAL, *Secrétaire.*

RAPPORT

DES

DIRECTEURS-GÉRANTS

SUR LES AFFAIRES DE LA COMPAGNIE

PENDANT L'EXERCICE 1837.

Messieurs,

La Compagnie agricole et industrielle d'Arcachon compte à peine une année d'existence, et déjà nous pouvons vous présenter un tableau satisfaisant de ses opérations et de ses progrès. Les éléments de succès sur lesquels nous avons fondé notre entreprise étaient si positifs, si nombreux et si puissants, que presque immédiatement, elle s'est dessinée avec une grandeur qui nous donne la conviction que nos espérances seront réalisées dans un avenir bien plus prochain que nous n'avions osé le croire.

Nous aurons beaucoup plus tôt que nous ne devions nous y attendre, les importantes voies de communication qui doivent faire jouir les vastes propriétés de la Compagnie de tous les avantages dus à la bonté de leur sol et à leur situation privilégiée. Bientôt ces propriétés ne seront pas seulement voisines du bassin maritime d'Arcachon, des étangs de Cazau et de Parentis, des villages les plus peuplés de la contrée; elles seront pour ainsi dire aux portes de Bordeaux, par l'effet de la construction du canal qui les traverse, et par celle du chemin de fer de Bordeaux à la Teste, auquel elles donneront aussi passage.

Les nombreuses démarches que nous avons faites pour obtenir que ce chemin fût d'abord autorisé par une loi et ensuite promptement commencé, ont eu le plus heureux résultat; sa construction aura lieu d'une manière d'autant plus avantageuse pour nous, qu'elle ne coûtera rien à la Compagnie.

Le traité par lequel nous avions cru devoir nous assurer d'un soumissionnaire pour une construction aussi importante, se trouve annulé par l'effet de l'adjudication du 26 octobre dernier. Par ce traité, nous nous engagions à fournir à un soumissionnaire présentant les garanties désirables, une somme de 420,000 francs en frais de transports, payable en six ans, à raison de 70,000 francs par an. Ce soumissionnaire n'étant pas devenu adjudicataire, nous sommes déliés de cet engagement; mais les produits abondants que nous devons obtenir dans un avenir prochain nous obligeront, sans doute, à effectuer des transports assez considérables pour contribuer efficacement à alimenter un chemin qui est pour nous de la plus haute utilité. Il doit augmenter à un tel point la valeur de nos propriétés, que nous avions eu l'idée, lors de la discussion de notre acte social, de le construire en entier aux frais de la Compagnie.

Les nouvelles circonstances qui ont assuré son exécution ne pouvaient être plus conformes sous tous les rapports à nos intérêts.

C'est M. de Vergès, ingénieur distingué, et déjà connu par des travaux importants, qui s'en est rendu adjudicataire, appuyé par neuf maisons principales du commerce de Bordeaux qui lui fournissent tous les fonds nécessaires. Vous remarquerez, Messieurs, le puissant concours de ces maisons dans une affaire dont le succès dépend des productions des Landes, voisines du bassin maritime d'Arcachon. Ce concours prouve que la partie la plus intelligente de la population bordelaise reconnaît enfin les grands éléments de prospérité que renferme l'intéressante contrée dans laquelle se trouvent les propriétés de la Compagnie d'Arcachon; propriétés qu'il ne faut pas confondre avec les Landes des plateaux, puisqu'elles sont situées sur le littoral, pays coupé d'étangs et de villages, couvert de bois et de cultures variées. Là, le sol présente une couche de terre végétale épaisse de un à trois pieds, et qui se maintient humide et fraîche pendant les chaleurs de l'été, tandis que les plateaux des Landes n'offrent au cultivateur que quelques pouces de sable desséché dans toute sa profondeur par les ardeurs du soleil.

Pendant que l'adjudication du chemin de fer avait lieu à Bordeaux, les travaux du canal, suspendus depuis quelque temps, étaient repris avec une grande activité par les soins de M. le vicomte Levavasseur, nouveau directeur de la Compagnie des Landes.

Vous savez, Messieurs, que ce canal qui traverse notre vaste plaine de Cazau dans sa plus grande longueur, doit nous fournir des prises d'eau qui nous donneront la facilité d'établir de bonnes prairies sur 3,000 hectares de terrain; voilà le plus grand avantage, mais il n'est pas le seul, car la pente nous fournit de puissantes chutes d'eau pour faire mouvoir de nombreuses usines, et c'est sur le bord du même canal que doit se développer la partie industrielle de notre entreprise, partie que le voisinage de Bordeaux peut rendre si importante et dont l'exploitation doit se combiner avec celle de nos terres.

L'achèvement du canal des Landes est pour nous du plus haut intérêt, puisqu'il doit nous fournir, à travers nos domaines, une voie de communication aussi utile que le chemin de fer, dont elle sera pour ainsi dire le prolongement. La réunion de ces deux voies de communication, en vivifiant toute la contrée, permettra à la Compagnie de transporter à peu de frais ses fourrages, ses grains, ses résines, ses bois, et enfin tous ses produits agricoles et industriels. Les transports lui coûteront un cinquième ou un sixième seulement du prix de transport actuel.

L'exécution certaine du chemin de fer et la reprise des travaux du canal étaient pour notre Compagnie des avantages trop réels, et dont l'appréciation était trop facile, pour qu'il n'en résultât pas pour nos actions une hausse, motivée d'ailleurs sur de nouveaux calculs qui démontrent la possibilité d'économiser une partie considérable du fonds social, par l'adoption du système des marchés à l'entreprise.

Aussi, étant déjà assurés, par les sommes versées, les demandes d'actions et l'obligation imposée à la Compagnie de desséchement d'exécuter à ses frais dans la plaine de Cazau divers travaux importants, de réunir les fonds nécessaires à la marche de l'entreprise, crûmes-nous devoir, le 4 septembre dernier, suspendre le placement de nos actions, bien moins encore pour faire profiter la Compagnie de la hausse qui résulterait de cette mesure, que pour n'avoir des intérêts à payer qu'à proportion des développements de nos travaux ; cette suspension n'a pas tardé à être suivie de l'établissement d'une prime sur nos actions, prime qui est encore loin d'être proportionnée aux avantages qui l'ont créée; mais une forte hausse propre à alimenter un jeu de bourse n'est pas l'objet de notre ambition ; nous désirons surtout que les propriétaires qui coopèrent à notre œuvre obtiennent des bénéfices qui surpassent de beaucoup leurs espérances.

Cependant, il ne nous a pas paru juste de laisser sur la même ligne les personnes qui s'étaient les premières associées à notre entreprise, et celles qui attendaient pour y prendre part que le succès en fût signalé par des faits positifs. Dans cette pensée, nous avons conféré aux actionnaires porteurs des actions du n° 1er au n° 470, le droit de prendre au pair un nombre d'actions égal à celui qu'ils possédaient déjà.

Une partie de ces actions privilégiées a été réservée pour les membres des conseils de la Société.

Au nombre des avantages assurés à notre entreprise pendant le cours de cette année, nous pouvons compter des acquisitions de terrains qui, sous tous les rapports, sont à notre convenance.

La plaine de Cazau, quoique d'une configuration topographique qui lui permet de développer librement toutes ses ressources, avait cependant, dans une de ses meilleures parties, près du canal des Landes, une enclave incommode et dont le voisinage pouvait devenir fâcheux, si de grands travaux s'étaient exécutés dans la direction où elle se trouvait. Malgré la hausse dans le prix des terres voisines de La Teste, nous sommes parvenus à faire, le 21 septembre dernier, moyennant la somme de 10,700 fr., l'acquisition de cette enclave, qui forme le domaine de Pujau-Broustut, d'une contenance d'environ 75 hectares. Il y a sur ce domaine une petite maison de ferme, deux parcs à moutons, et un bois taillis de chênes blancs.

Le huitième des terres seulement y est en culture. Cette propriété, en participant aux grands travaux qui vont être appliqués à la plaine de Cazau, ne tardera pas à donner un intérêt fort élevé du capital que nous y avons employé.

Le sieur Coundou, de qui nous avons acheté Pujau-Broustut, a mis pour condition à la vente que nous lui concéderions pour 200 fr. un terrain d'une contenance de 16 arcs, situé près le village de Cazau, pour y construire un bâtiment destiné à une boucherie.

Cet établissement entre parfaitement dans nos vues; car plus il se créera de ressources dans ce pays, jusqu'à présent délaissé, et plus facilement nous y attirerons et y fixerons les cultivateurs dont nous avons besoin. Aussi n'avons-nous pas hésité à concéder au sieur Coundou, conformément à nos statuts, l'emplacement qu'il demandait.

Nous avons fait une autre acquisition d'une beaucoup plus grande étendue de terrain, celle du domaine de Laignereau, d'une contenance de 400 hectares environ.

Ce domaine n'était pas une enclave, comme celui de Pujau-Broustut, mais il était contigu à nos propriétés, et d'autant plus à notre convenance, qu'il nous donne le droit de parcours sur 8,000 hectares du vaste territoire de la commune de Sanguinet, duquel il fait partie.

Dans ce domaine se trouvent des bâtiments et des parcs pour deux métayers, cent cinquante ruches à miel, des bois taillis de chênes blancs assez considérables, et des terres d'excellente qualité susceptibles de donner de grands produits, notamment en fourrages.

Vingt-trois hectares seulement sont cultivés, et le revenu est déjà de 4 0/0. Ce revenu pourra se décupler, le prix d'acquisition n'étant que de 28,000 fr.

Nous avons pu nous occuper de l'agrandissement de nos propriétés avec la certitude de mettre facilement toutes nos terres en valeur par l'application du nouveau système de colonisation et d'exploitation que nous avons adopté. Nous osons espérer, Messieurs, que ce système méritera votre approbation.

Voici en quoi il consiste :

Nous divisons nos terres en directions coloniales dont la plus grande a 1,000 hectares, et la plus petite 5 à 600 ; à chacune de ces directions est attachée une ou deux sous-directions de 150 à 300 hectares, et chacune de ces sous-directions a autour d'elle trois ou quatre subdivisions de 20 à 100 hectares.

Telle est notre organisation administrative : directeurs, sous-directeurs de colonisation, colons de plusieurs classes, seront unis entre eux par un lien qui, en empêchant toute mesure partielle qui pourrait être nuisible, établira dans nos domaines un harmonieux ensemble par l'application des méthodes de culture et par le choix des produits, sans détruire pourtant la liberté d'action que chacun d'eux devra avoir dans l'exploitation qui lui aura été confiée.

Les directeurs sont choisis parmi les propriétaires riches et distingués par leurs connaissances agricoles, et ayant déjà obtenu des succès remarquables dans le grand art de cultiver ; ils imprimeront aussi leur utile influence sur les sous-directeurs et les colons, qui apprendront d'eux le meilleur mode de culture à employer.

Chaque directeur et sous-directeur choisira dans ses relations un certain nombre de principaux travailleurs dignes de sa confiance.

Ces cultivateurs, arrivés des différentes provinces de France, apporteront des méthodes de cultures diverses qui, contrôlées les unes par les autres, permettront d'employer celles reconnues les plus favorables au sol de la plaine de Cazau.

Ainsi, cette belle plaine, presque simultanément soumise dans toutes ses parties aux travaux qui doivent la féconder, présentera sous peu de temps un tableau agricole aussi majestueux dans son ensemble que soigné et varié dans ses détails.

Par ce système, la Compagnie évite les graves inconvénients qui résultent de l'exploitation en régie, mode très coûteux, et d'après lequel nous aurions été accablés d'une foule de détails qui ne nous auraient pas permis de donner à la totalité de l'entreprise tout le temps que réclament les grands développements dont elle est susceptible. La Compagnie jouira de l'avantage de pouvoir calculer d'avance, avec précision, les capitaux nécessaires aux cultures, sans avoir à redouter les faux calculs et les mécomptes si fréquents dans les entreprises agricoles; car elle passe des traités d'après lesquels elle paie tout à prix fixe, et partage les produits avec de grands colons qui présentent toutes les garanties de capacité, de fortune et de loyauté.

Nous avons été assez heureux pour surmonter les deux grandes difficultés qui pouvaient s'opposer à l'application de notre nouveau système de colonisation, et qui se trouvaient dans le choix des hommes et les bases des conventions.

Sous ce double rapport, nous avons été puissamment secondés par la qualité de nos terres; leur bonté bien évidente a séduit des hommes habiles et rendu faciles nos traités avec eux.

MM. le comte de Bonneval, le marquis de Mazan et le baron de Blacas sont les trois premiers propriétaires cultivateurs qui ont compris la grandeur de notre entreprise, et qui ont voulu s'associer à son exécution.

M. le comte de Bonneval, riche propriétaire du département de l'Allier, a accepté dans nos domaines une grande direction de 1,000 hectares; il y apporte l'expérience qu'il a acquise dans les travaux importants qu'il a exécutés, notamment dans sa belle terre de Lafont d'Ambérieux, d'une contenance de près de 1,000 hectares, travaux si remarquables et au moyen desquels il a augmenté si considérablement les revenus de cette terre, que la Société centrale d'Agriculture lui a décerné la grande médaille d'or, et l'a mis au nombre de ses membres correspondants.

M. le marquis de Mazan apporte aussi, dans la direction de 600 hectares qui lui est confiée, les hautes connaissances agricoles qu'il a acquises par de longs travaux dans les terres qu'il possède en Provence; ses fermes y sont citées comme modèles.

M. de Blacas a cultivé également avec succès, comme propriétaire, des domaines importants dans les départements du Var et des Basses-Alpes, et il dévoue une longue expérience en agriculture à la direction de 600 hectares, pour laquelle il a traité avec la Compagnie.

A MM. de Bonneval, de Mazan et de Blacas veulent se

joindre trois autres directeurs, tous hommes de mérite, réunissant de hautes garanties.

La facilité avec laquelle nous avons trouvé six directeurs dans la classe riche et élevée de la société, est une preuve de plus de la réalité des avantages de notre entreprise, car c'est l'évidence de ces avantages qui ne leur a pas permis d'hésiter à se lier avec nous.

Après avoir choisi les directeurs, les bases sur lesquelles devaient reposer nos conventions avec eux étaient une question de la plus haute importance; nous avons dû nous livrer à un examen très approfondi avant de conclure.

Les essais de premier, de second labour et de hersage, que nous avions déjà faits avec succès sur une étendue de 60 hectares, ont été renouvelés devant MM. de Bonneval, de Mazan et de Blacas, au mois d'octobre dernier, sur une plus petite étendue, mais suffisante pour leur faire juger de la valeur de nos premiers travaux. Ces nouveaux essais nous ont confirmé que la charrue Rosé, attelée de quatre bœufs ou de quatre chevaux, pouvait défricher nos terres avec facilité; que le hersage pouvait également s'opérer avec le même nombre de bêtes de trait attelées à la herse à coutre; et que, pour le second labour, deux bœufs ou deux chevaux attelés à une charrue de plus petite dimension pouvaient suffire. D'après ces essais, et tous les renseignements que nous avions recueillis, nous avons arrêté nos conventions; en voici les principales clauses; nous croyons devoir appeler votre attention sur elles.

Les directeurs s'engagent à défricher, mettre en culture nos terres, y amener les colons, et y faire tous les travaux de récolte, moyennant le prix de 230 francs par hectare. La première récolte nous appartient tout entière, sous déduction seulement de 5 pour 100 en faveur des directeurs s'ils ont bien rempli leurs obligations; dans les années suivantes, à la seconde récolte, nous sommes à moitié fruits avec eux; et en sus de leur moitié, lorsqu'ils ont, au bout de trois ans, mis en pleine culture leurs directions, et que nous avons perçu la première récolte de tous les produits d'une année sur toute l'étendue de leurs terres, ils prélèveront sur notre moitié une prime de 10 francs par hectare. La Compagnie se borne à avancer 25,000 francs à M. de Bonneval, et 15,000 francs aux autres directeurs pour achat de bestiaux, instruments aratoires et autres objets mobiliers, qu'ils doivent acheter à leurs risques et périls, et sur lesquels la Compagnie ne leur tient compte d'aucune perte ou dépréciation pendant les trois premières années. Au bout de ces trois années, ces sommes reviendront à la Compagnie pour former les cheptels.

Nous conservons la faculté d'exploiter les carrières ou mines qui pourraient se trouver dans les terres qui leur sont confiées, et de faire de grandes plantations sur ces terres.

Ils doivent faire mettre en tas, au fur et à mesure de leur extraction, les racines de bruyères, dites vulgairement brandes, qui couvrent aujourd'hui notre sol, et nous avons le droit de convertir ces racines en charbon sur les lieux mêmes. Ce combustible sera d'une grande utilité, soit pour alimenter de hauts-fourneaux, soit pour amender les terres.

Le charbon de bruyères se vend couramment à La Teste 2 fr. 50 cent. la barrique, pesant environ 70 kilog.

Il est d'excellente qualité, le Conseil d'agriculture l'a reconnu.

Les conventions ne sont passées que pour neuf ans ; à la dixième année la Compagnie reprend les terrains concédés, et se trouve libre de faire de nouvelles conditions en rapport avec la valeur que les terres auront acquise par suite d'une culture soignée, de l'augmentation de la population, de l'établissement du canal et du chemin de fer.

Des conditions analogues à celles que nous venons de vous faire connaître nous lieront avec les sous-directeurs de colonisation et les colons de diverses classes. Nous avons pour occuper ces places des demandes nombreuses; il nous est donné de choisir parmi des hommes qui se recommandent par leur expérience pratique dans l'art agricole et leur position sociale.

Nous vous exposons, avec une grande confiance en vos lumières, le système que nous avons adopté pour arriver promptement à mettre en parfaite culture la vaste plaine de Cazau. Vous jugerez comme nous, Messieurs, nous osons l'espérer, qu'un semblable système doit nous faire obtenir infailliblement un prompt et brillant résultat.

Jusqu'à présent on a voulu fertiliser les terrains incultes par des colonies d'indigents. Parvenir à faire cesser la misère du sol par cette autre misère de l'humanité appelée indigence, ce double bienfait devait tenter le zèle philanthropique de l'homme de bien, mais l'application en a été rarement heureuse.

Nous avons pris un système tout-à-fait contraire, c'est d'appeler sur notre sol des hommes riches en propriétés foncières, dont l'expérience agricole puisse éviter des méprises, des tâtonnements funestes, et de leur partager ce sol de telle manière que chaque portion puisse prospérer et profiter des soins intelligents qui lui seront donnés.

Deux directeurs, MM. de Bonneval et de Mazan, ont déjà commencé leurs travaux; nous avons prié M. de Bonneval de vous entretenir lui-même à ce sujet.

M. de Blacas sera le mois prochain dans sa direction, conformément à la convention qu'il a passée avec nous, et les trois autres directeurs ne tarderont pas à être installés. Bientôt toutes les dispositions seront faites pour que le sol puisse recevoir les soins des six directeurs.

Des parcs pour les bestiaux, et des maisons en bois pour les ouvriers, se construisent avec activité et avec toute l'économie désirable; nous avons évité et nous éviterons soigneusement de faire des constructions qui absorberaient improductivement des capitaux considérables.

Les fossés de desséchement que la Compagnie générale de desséchement devait exécuter, sont presque tous achevés; il ne reste à faire par elle que ceux qui doivent se combiner avec les canaux d'irrigation, auxquels la même Compagnie doit travailler immédiatement, après la concession de la prise d'eau dans le canal des Landes, concession que nous avons lieu de croire très prochaine.

Ainsi, bientôt la Compagnie générale de desséchement pourra compléter l'exécution des engagements qu'elle a contractés avec nous, en joignant à l'apport de la plaine de Cazau, sans que nous ayons rien à débourser, tous les travaux d'art nécessaires pour établir un vaste système d'irrigation sur une étendue de 3,000 hectares au moins.

Nous aimons, Messieurs, à reconnaître ici la loyauté avec laquelle MM. les gérants de cette Compagnie tiennent leurs engagements envers nous, et le zèle éclairé qu'ils mettent à seconder nos efforts.

Vous vous rappelez, Messieurs, que la même Compagnie est chargée en outre d'ensemencer en pins 4,000 hectares de nos terrains. Cet ensemencement commencé, ainsi que les fossés de desséchement, avant la constitution de notre Compagnie, se poursuit et sera terminé dans le délai convenu.

Vous apprécierez, Messieurs, les avantages que présentera dans quelques années la partie de nos domaines destinée à rester boisée.

Dans vingt ans, cette partie seule représentera plus de trois fois le prix d'acquisition de toutes nos propriétés; mais en attendant, nous n'avons pas compris les produits de nos pins résineux dans les calculs d'après lesquels nous pouvons espérer de prochains dividendes.

C'est sur 8,000 hectares de terres cultivées, dont 3,000 seront en prairies arrosables, que nous avons basé principalement ces calculs.

La partie industrielle de notre entreprise sera aussi très productive, et, comme nous l'avons déjà dit, l'exploitation de cette partie se combinera avec nos cultures. En attendant, il s'est présenté une affaire que nous avons été assez heureux pour pouvoir lier à celles de la Compagnie.

Nous avons acheté le droit d'exploiter la découverte d'un nouveau procédé pour la fabrication de l'huile de résine. Cette fabrication pourrait nous offrir des bénéfices d'autant plus grands, que nous aurions la faculté de l'établir sur les propriétés mêmes de la Compagnie, au centre de la contrée où les approvisionnements en résine sont les plus faciles. Jusqu'à présent, on n'obtenait de la résine de pin qu'une huile épaisse qu'il fallait clarifier avec assez de frais. Un savant chimiste a fait de cette matière l'objet de ses ingénieuses études; il a trouvé un procédé au moyen duquel on pourrait obtenir environ 70 livres d'huile par quintal de résine. D'après les premiers essais que nous avons faits de ce procédé, nous avons cru devoir nous empresser d'en demander un brevet d'invention.

Nous allons mettre sous vos yeux le plan de l'appareil destiné à la fabrication de cette huile, plan qui a été dressé par un habile ingénieur-mécanicien. Les essais en grand que nous allons faire avec cet appareil nous confirmeront sans doute les avantages de ce procédé.

Un débit considérable d'huile de résine doit résulter de la modicité de son prix et de sa bonne qualité; il est démontré qu'elle est très propre à la peinture des bâtiments et à la conservation des bois de charpente.

Non seulement notre procédé doit être très productif par l'exploitation que nous pouvons en entreprendre à Paris et à la Teste, mais encore par la vente du droit de l'exploiter dans les autres contrées où le commerce d'huile de résine pourrait être facilement établi.

Permettez-nous, Messieurs, en terminant ce rapport, de récapituler rapidement les principaux avantages obtenus par la Compagnie d'Arcachon dans l'espace de douze mois.

Nos essais de travaux de défrichement sont heureusement terminés; nos terres, en grande partie desséchées, offrent à présent au soc des charrues une immense superficie facile à cultiver et couverte de détritus séculaires ; des hommes offrant les plus hautes garanties sont chargés de leur exploitation, et ont commencé à les délivrer des bruyères épaisses qui absorbaient toute leur vigueur. Déjà plusieurs de ces grands colons ont eu assez de zèle pour s'y établir provisoirement dans les maisons de bois destinées aux ouvriers.

Les acquisitions les plus utiles ont agrandi nos domaines.

Le canal qui les traverse se construit avec activité, et nous donnera bientôt, non seulement une voie de communication importante, mais encore toutes les eaux nécessaires à nos usines et à nos terres. Ces eaux, distribuées avec intelligence et reçues par les heureuses ondulations du sol, vont remplacer les terrains marécageux par de bonnes prairies entrecoupées de belles plantations dans lesquelles on pourra remarquer le mûrier, qui réussit parfaitement dans les environs de la Teste, et dont nous formons des pépinières.

Enfin, le chemin de fer de Bordeaux à la Teste (1), qui n'était pour nous qu'une espérance, va bientôt porter dans la capitale de la Gironde ses wagons chargés de nos fourrages, de nos grains, de nos bestiaux, de nos bois et de nos produits industriels.

Ce tableau est flatteur, Messieurs, et cependant il n'est pas flatté.

Nous aimons à vous le présenter, car il anime notre zèle, redouble nos efforts et récompense nos travaux ; il

(1) Une ordonnance royale, en date du 25 février, a autorisé la compagnie anonyme, formée à Bordeaux, pour l'établissement et l'exploitation du chemin de fer de Bordeaux à la Teste.

signale notre entreprise comme étant non seulement utile pour nous, mais grande pour le pays.

Fertiliser, c'est conquérir, non en détruisant des hommes, mais en les multipliant et en les rendant plus heureux.

Qu'il nous soit permis de donner ici un témoignage public de notre reconnaissance aux notabilités qui forment cette assemblée, et à la tête desquelles brille le beau nom que l'agriculture est heureuse de compter en première ligne au nombre de ses plus illustres et ses plus zélés protecteurs.

Nous attachons le plus grand prix au concours que ces notabilités, que des hommes connus par leur haute spécialité nous ont accordé, soit comme actionnaires, soit comme membres des conseils de la Compagnie; nous voyons dans ce concours une marque de confiance qui nous flatte, et que nous serons toujours jaloux de justifier.

Les Directeurs-Gérants,

Signé COMTE DE BLACAS,
WISSOCQ,
CAZEAUX.

RAPPORT

DE LA

COMMISSION DE SURVEILLANCE.

Messieurs,

Aux termes de l'article 30 des statuts de la Compagnie agricole et industrielle d'Arcachon, les membres composant la commission de surveillance, établie près de cette Compagnie pour veiller au maintien et à la stricte exécution des statuts arrêtés lors de sa formation, sont tenus de faire, chaque année, à l'assemblée générale, leur rapport sur les comptes des gérants et sur le plus ou le moins de régularité de leur gestion; c'est ce devoir que nous venons remplir aujourd'hui pour la première fois.

Au nombre des obligations de la commission est celle de vérifier les écritures et de constater les encaisses; à chacune de ses réunions un membre a été désigné pour cette opération, et chaque nouvel examen a fait reconnaître que les livres de la Compagnie étaient tenus avec la plus grande régularité, que les encaisses étaient conformes au livre-caissier, ainsi qu'au compte de caisse du grand-livre, et enfin que toutes les pièces comptables étaient signées et paraphées par qui de droit.

La nécessité dans laquelle se sont trouvés plusieurs

membres de la commission de surveillance de s'absenter de Paris pour leurs affaires personnelles, leur a fait sentir le besoin d'user en partie de la faculté accordée par l'article 32 des statuts. En conséquence, ils se sont adjoint M. Bessas-Lamégie, l'un des plus forts actionnaires de la Compagnie.

MM. les directeurs-gérants ont soumis à la commission de surveillance les divers actes et conventions passées par eux depuis l'origine de la Compagnie. Celles de ces conventions qui doivent recevoir leur exécution se trouvant analysées suffisamment dans le rapport que MM. les gérants viennent de faire à l'assemblée, nous croyons inutile de vous en entretenir avec détail. Toutefois, il est juste de dire que tous ces actes nous ont paru extrêmement avantageux à la Compagnie, conformes en tous points à l'esprit ainsi qu'à la lettre de ses statuts, et, sous ce double rapport, nous sommes persuadés que l'assemblée générale joindra son approbation à la nôtre, en témoignant à MM. les directeurs-gérants toute sa satisfaction sur les premiers actes de leur gestion, actes qui donnent la mesure de tous les avantages que l'on doit attendre de leur bonne administration.

Une loi, en date du 17 juillet 1837, a autorisé la construction d'un chemin de fer de Bordeaux à la Teste. Cette opération était d'une importance tellement majeure pour la Compagnie d'Arcachon, qu'elle devait exciter toute la sollicitude de ses gérants ; aussi, devons-nous dire que c'est aux soins, au zèle et à la constante persévérance qu'ils ont déployés dans cette circonstance, qu'est due l'obtention de cet acte législatif.

Toutefois, ce n'était point assez pour eux, il fallait encore s'assurer d'un soumissionnaire réunissant les garanties désirables; ils entrèrent en pour parler avec des personnes dont le nom pouvait être un gage de succès, et bientôt ils passèrent avec l'une d'elles un traité qui, sans être onéreux pour la Compagnie, devait naturellement devenir un point d'appui pour l'organisation ultérieure de la société du chemin de fer.

Cette mesure de prudence ne tarda pas à porter ses fruits. En effet, elle éveilla l'attention des principales maisons de commerce de Bordeaux; cinq concurrents se présentèrent immédiatement, et ce qu'il y eut de plus remarquable en cette circonstance, c'est que ceux qui se rendirent adjudicataires de ce chemin, le 26 octobre dernier, étaient précisément ceux-là mêmes qui d'abord s'étaient montrés les plus hostiles à l'entreprise. Par l'effet de l'adjudication, la Compagnie se trouva déliée des engagements qu'elle avait contractés avec le premier soumissionnaire, engagements qui, nous le répétons, n'étaient point onéreux pour elle, puisqu'ils ne reposaient que sur des garanties de transport qu'elle devait avoir à fournir ultérieurement, mais pour lesquels il est toujours plus avantageux de conserver son indépendance.

Par l'article 31 des statuts, la commission de surveillance a la faculté de déléguer un de ses membres pour se rendre sur les propriétés de la Compagnie à l'effet d'inspecter ses opérations, et d'y faire toutes les vérifications qu'il jugera utiles. Pour cette première année, la commission n'a pas cru devoir tenir à l'exécution de cette mesure, et elle a été portée à cette détermination par deux motifs principaux :

Le premier est qu'il ne lui a pas semblé que les travaux de la Compagnie, qui étaient à peine commencés, fussent de nature à rendre cette inspection utile et fructueuse. L'autre motif est qu'un de ses membres (M. Goupy de Beauvolers), pressé par le désir de connaître par lui-même la situation d'une entreprise dans laquelle il est intéressé comme actionnaire, s'est rendu sur les lieux à ses frais. A son retour, M. Goupy a fait au conseil d'agriculture et à la commission de surveillance un rapport dans lequel, en rendant compte des ressources et des avantages que présente cette vaste entreprise, il paie à MM. les gérants le juste tribut d'éloges que méritent leur zèle et leurs travaux. M. Goupy a saisi cette circonstance pour émettre sur les opérations futures de la Compagnie des avis auxquels son expérience et ses connaissances en agronomie donnent un grand poids.

MM. les gérants vous ont soumis leur inventaire, valeur arrêtée au 31 décembre dernier; nous l'avons examiné, arrêté et signé *ne varietur.* Nous avons l'honneur de vous en proposer l'approbation.

Après le vote à donner sur l'inventaire, vous aurez, Messieurs, aux termes des statuts, à vous occuper de nommer, pour l'année sociale courante, les membres titulaires qui composeront la commission de surveillance, et qui doivent être pris parmi tous les propriétaires d'actions nominatives dont la liste vous est soumise.

Messieurs, nous croyons avoir rempli avec conscience et loyauté le mandat qui nous avait été confié; puisse votre approbation nous en donner la certitude!

En terminant ce rapport, nous devons répéter encore ce que nous avons dit trop succinctement de MM. de Blacas, Wissocq et Cazeaux; c'est à leur zèle soutenu et à leur constante activité que la Compagnie d'Arcachon doit le rang qu'elle occupe parmi les entreprises agricoles. Ce que ces directeurs-gérants ont fait depuis le peu de temps qu'ils administrent cette Compagnie, doit garantir les succès qu'ils obtiendront encore en continuant à donner leurs soins à l'entreprise à la tête de laquelle ils sont placés.

Signé LE DUC DE MONTMORENCY,
GOUPY DE BEAUVOLERS,
GUYARDIN,
BESSAS-LAMÉGIE.

DISCOURS

DE

M. le Comte de Bonneval.

Messieurs,

La Compagnie d'Arcachon offre déjà, et offrira bientôt par son développement, le tableau unique d'une colonisation active commencée sous les auspices les plus rares. Jamais encore une semblable arène n'avait été ouverte en France; et c'est porter haut l'art de l'agriculture que d'attirer à nous des hommes éclairés, pénétrés de cette pensée de Sully : *que les biens que donne la terre sont les seules richesses inépuisables.*

Je m'estimerais heureux si l'exemple que je viens de donner avait pu contribuer à déterminer ce noble élan; de telles circonstances laissent espérer que nous parviendrons à prouver par des faits que les capitaux, confiés avec discernement à la terre, offrent le meilleur de tous les placements.

Des constructions rustiques, peu coûteuses, s'élèvent comme par enchantement, et peuplent déjà à l'œil notre immense plaine de bruyères. Les eaux disparaissent du sol qu'elles refroidissaient inutilement; une terre noire, végétale, roule dans nos sillons, se montre vierge, féconde, et digne de notre conquête. Il est impossible de se faire le tableau de notre colonisation sans éprouver ce sentiment plein de force et de courage qui doit assurer le succès. Une réunion puissante, la réunion des trois compagnies du chemin de fer, des Landes, et d'Arcachon, trouvera sa force dans son besoin d'unité, et prouvera ce que peuvent les lumières, la probité et la persévérance.

Par sa disposition naturelle, notre plaine est extrêmement favorable; elle se prête à toutes les améliorations et à tous les travaux qu'elles exigent. Sa forme convexe permet d'en retirer toutes les eaux surabondantes pendant l'hiver; le lac de Cazau, dont elle porte le nom, sert à alimenter le canal de la compagnie des Landes, qui traverse nos propriétés dans toute leur étendue, sur le point le plus élevé, et fournit une masse d'eau plus que suffisante à nos prairies.

C'est de ces prairies surtout que la Compagnie doit espérer ses plus grands produits et ses bénéfices les plus assurés. La bonne exécution des travaux, le soin que l'on prendra de détruire toutes les plantes nuisibles, pendant trois années de culture, le choix des graminées les plus applicables à la nature du sol, assureront la durée, la qualité et l'abondance des produits. Les eaux du lac de Cazau sont d'une limpidité parfaite; elles ne contiennent que peu ou point d'oxide de fer, elles sont très favorables à la végétation.

Nous sommes convaincus des heureux résultats que la Compagnie a lieu d'attendre de l'établissement de ses prairies; la somme affectée à cette opération rapportera un très gros intérêt, sans compter l'accroissement de la valeur du capital.

Dans notre rapport au Conseil du mois de novembre dernier, nous avons indiqué le mode de culture que nous avons cru devoir être applicable aux Landes. Un examen plus approfondi du sol nous a démontré la possibilité d'obtenir des luzernes sur les parties les plus saines et ayant le plus de profondeur de terre végétale. Le trèfle incarnat, déjà établi dans le pays, y réussit très bien. La pomme de terre, les pois-fourrages et autres, les raves, les navets, panais, les betteraves même, peuvent y réussir : mais une plante qui peut être d'un très grand produit dans le sol des Landes, c'est le colza, dont l'huile se vend facilement, et toujours à un prix élevé. Beaucoup d'autres plantes pourraient y être introduites, c'est ce que nous démontreront les essais que nous avons le projet de faire, afin de connaître plus positivement celles qui sympathiseront avec notre sol. Nous croyons aussi que le lin peut y être cultivé avec avantage.

Il est nécessaire de changer, dans les Landes, la race des bêtes à cornes ; mais ce changement ne peut avoir lieu qu'après le défrichement des terres destinées à être mises en prairies. Des herbes nourrissantes viendront y remplacer celles qui végètent péniblement sous la brande et qui n'ont aucune substance nutritive, étant constamment privées de l'air atmosphérique.

Lorsque l'on pourra profiter des nouveaux herbages, on sera à même de se livrer à l'éducation des races améliorées, et nous pensons qu'après la mise en culture de la plaine de Cazau, des vaches suffiront au labour ; les cheptels des différentes directions et sous-directions, entièrement composés de vaches, donneront un produit énorme en élèves, en beurre, en fromages (le beurre se vend encore à Bordeaux 3 francs la livre) ; et tout le monde sait que la culture faite par des vaches est la moins coûteuse et la plus productive de toutes ; des troupeaux de bêtes à laine, attachés à chacune des directions et sous-directions, viendront encore en augmenter annuellement les revenus. Les mouches à miel seraient aussi d'un produit utile pour la colonie.

Des plantations nombreuses sont nécessaires dans la plaine de Cazau, où la violence des vents est quelquefois nuisible aux céréales et aux autres plantes cultivées. Parmi les arbres forestiers que nous croyons devoir le mieux y réussir, nous citerons les peupliers d'Italie, de la Suisse et du Canada ; ce dernier réussira surtout fort bien ; le blanc et le noir de Hollande, legrizard, le tremble, le peuplier de France, l'acacia, le frène, le chataignier, les ormes à larges et à petites feuilles, le tortillard, et beaucoup d'autres espèces qu'il sera bon d'essayer; le mûrier y croît très bien; ses rameaux sont nombreux et sa feuille abondante ; et d'après les essais faits dans les cantons voisins par divers propriétaires, nous ne pouvons douter qu'on n'habitue nos colons à l'éducation des vers à soie, comme cela se pratique dans un grand nombre de départements.

Les arbres fruitiers que l'on remarque aux environs de La Teste, sont : le figuier, le pêcher, le poirier, le prunier, le pommier. Nous pensons qu'on pourrait y introduire beaucoup d'autres espèces; le noyer tardif, par exemple, y réussirait très bien ; mais tous les arbres à fruits demandent une position abritée. Enfin, Messieurs, la plaine de Cazau est susceptible de donner presque toutes les productions; mais il sera nécessaire de mettre du discernement et de l'observation dans l'introduction des arbres et des plantes qu'on voudra lui approprier.

Après tous ces détails, Messieurs, permettez-moi de jeter un coup d'œil sur l'ensemble de notre opération, et d'estimer approximativement, et cependant sans entrer dans aucun chiffre, quel pourra être le produit de nos propriétés dans quatre ou cinq ans. D'après les calculs que nous avons faits, en comprenant dans notre compte le prix d'acquisition, les sommes avancées pour la mise en culture et l'établissement de nos vastes prairies, nous croyons entrevoir des bénéfices tels, qu'il serait difficile de trouver une opération qui présentât plus d'avantages, soit en placement de capitaux, soit dans les intérêts de ces capitaux. Ce n'est pas trop estimer, je pense, que de porter les terres arables au *minimum* du produit de 36 francs par hectare, et les prairies à 120 francs par hectare (1). Cette appréciation est bien certainement plutôt au-dessous de la valeur réelle qu'au-dessus; mais, dans la crainte d'être taxés d'exagération, nous avons préféré estimer au plus bas possible, afin qu'on ne puisse jamais trouver que nos espérances ont été trop grandes. Être au-dessous de la vérité dans les calculs industriels agricoles, c'est être souvent dans le vrai; et c'est ainsi qu'on évite ces mécomptes qui ôtent la confiance et nuisent aux grandes entreprises.

Nous ne saurions mettre en doute, Messieurs, les heureux résultats auxquels peut prétendre une colo-

(1) M. le comte de Bonneval obtiendra certainement des produits bien supérieurs à ceux dont il donne le *minimum*, avec la réserve qu'il a, sans doute, cru devoir s'imposer en sa qualité de directeur principal de colonisation. Des faits positifs prouvent combien ses calculs sont modestes; les terres arables du pays rendent de 12 à 24 hectolitres de grains par hectare, pour 3/4 d'hectolitre de semence; les prairies non arrosables produisent plus de 60 quintaux de foin par hectare, et les prairies arrosées en donnent de 180 à 210 quintaux. Dans le courant de l'année, le prix moyen du foin est de 4 fr. au moins; et la mercuriale des grains est plus élevée qu'à Bordeaux. H***.

nisation sans exemple; *elle ouvre une carrière toute nouvelle aux hommes élevés par leur position sociale et éclairés par leur bonne éducation.* Déjà, le zèle qui anime MM. les directeurs, leur accord parfait avec la gérance, dont l'activité est infatigable, la certitude acquise de voir se joindre à nous des hommes distingués, l'espoir d'être soutenus et protégés dans nos moyens, tout doit nous donner l'assurance que nous accomplirons notre grande œuvre. Nous ferons tout ce qui sera humainement possible pour accroître la prospérité d'une colonisation aussi intéressante, et nous marcherons avec ordre, économie et probité.

Notre agriculture est à son commencement; j'ai pris des mesures actives pour obtenir de prompts résultats; MM. les gérants s'occupent avec zèle de l'ensemble de la colonisation; nous ne saurions trop les encourager à multiplier les cheptels et les habitations rustiques, d'après l'avis des hommes les plus expérimentés du pays. Nous devons attendre de bonnes récoltes, surtout en réduisant *en cendres la racine de la brande, qui viendrait ainsi augmenter la puissance végétale du sol*; les boues de la mer, les argiles salines qu'elle dépose en abondance, seront de tous les amendements les plus faciles à obtenir; l'expérience a déjà démontré que leurs effets sont fort remarquables; enfin, Messieurs, nous avons tous les éléments nécessaires pour coloniser avec succès.

Cte DE BONNEVAL.

COMITÉ

DE

COLONISATION,

ÉTABLI A LA TESTE DE BUCH,

ARRONDISSEMENT DE BORDEAUX,

PAR LA COMPAGNIE AGRICOLE ET INDUSTRIELLE

D'ARCACHON.

Considérations qui ont déterminé la création de ce Comité.

Les hautes classes se portent évidemment vers les travaux de l'agriculture.

Cette première de toutes les industries, après les perturbations qui ont agité la France, a hérité de la plupart des notabilités qui semblaient être condamnées à l'oisiveté.

M. le comte Chabrol de Volvic a dit fort judicieusement, dans un rapport qu'il a fait à la Société d'encouragement, au mois d'octobre 1832 : « La société intelligente » réclame des occupations locales, et particulièrement » celles qui, ayant pour but l'amélioration du pays et du » sol, appellent toutes les opinions à y concourir. »

A ce témoignage d'un homme d'État se joint celui d'un agriculteur aussi distingué par la profondeur de ses vues théoriques que par sa longue expérience : M. Mathieu de Dombasle constate dans ses écrits qu'on voit partout des hommes élevés dans différentes positions sociales se vouer à l'agriculture ou destiner leurs fils à cette profession.

Le moment paraît donc favorable pour créer une institution qui puisse contribuer efficacement à ouvrir, dans l'agriculture, une carrière présentant un double intérêt d'honneur et de fortune : c'est un moyen de donner un nouvel essor à la prospérité de la France, par l'application des préceptes les plus sages de la politique et de la morale.

D'immenses terres incultes, déclarées imposables par le cadastre, attendent que l'art agricole vienne soumettre par sa puissance cette nature sauvage qu'il sera si beau de conquérir. Il est temps, en effet, d'arrêter les progrès de cet entraînement vers les villes qui rend nos champs déserts, trouble la paix et l'existence de tant de familles.

Les terres incultes, en France, et particulièrement dans le voisinage du bassin maritime d'Arcachon, présentent plus de chances de succès que celles de la plupart des autres contrées.

Les vastes propriétés territoriales possédées par la Compagnie d'Arcachon réunissent, sous le double rapport du sol et du climat, les plus précieux éléments de fertilité : heureusement situées près d'un port de mer, de plusieurs grands étangs renfermant des eaux propres à l'irrigation, à une distance de douze lieues seulement de Bordeaux, distance qu'un chemin de fer va permettre de franchir en moins de deux heures, et traversées par un canal dans toute leur longueur, elles peuvent offrir un but digne de la louable ambition des jeunes gens qui comprendront notre utile pensée, et qui voudront participer aux avantages de notre colonisation.

Déjà des hommes distingués par leurs lumières et leur position sociale, de grands propriétaires, qui se sont voués à l'agriculture en sortant des rangs de l'armée et de la magistrature, se sont mis à la tête de la colonisation de nos propriétés, où ils apportent l'expérience qu'ils ont acquise par des travaux agricoles très importants.

Ces notabilités se joignent à nous pour signaler une honorable carrière à cette jeunesse dont le besoin d'activité est souvent difficile à satisfaire : elles se chargent de l'instruire et de la diriger dans les travaux de notre entreprise.

Le système que nous avons adopté pour notre colonisation est exposé dans le rapport que nous avons fait à notre assemblée générale, le 15 février dernier.

Voici un extrait de ce rapport qu'il est nécessaire de donner dans cet exposé :

Nous divisons nos terres en directions coloniales, dont la plus grande a 1,000 hectares et la plus petite de 5 à 600. A chacune de ces directions est attachée une ou deux sous-directions de 150 à 300 hectares, et chacune de ces sous-directions a autour d'elle trois ou quatre subdivisions de 100 à 200 hectares.

Dans cette organisation administrative, directeurs, sous-directeurs, colons de diverses classes, seront unis entre eux par un lien qui, en empêchant toute mesure partielle qui pourrait être nuisible, établira dans nos domaines un harmonieux ensemble par l'application des meilleures méthodes et le choix des cultures, sans détruire pourtant la liberté d'action que chacun d'eux devra conserver dans l'exploitation qui lui aura été confiée.

Les directeurs s'engagent à défricher, mettre en culture nos terres, y amener les colons et y faire tous les travaux de récolte, moyennant le prix de 230 francs par hectare. La première récolte nous appartient tout entière, sous déduction seulement de 5 pour 0/0 en faveur des directeurs, s'ils ont bien rempli leurs obligations; dans les années suivantes, à la seconde récolte, nous sommes à moitié fruits avec eux, et, en sus de leur moitié, lorsqu'ils ont, au bout de trois ans, mis en pleine culture leur direction, et que nous avons perçu la première récolte de tous les produits d'une année sur toute l'étendue de leurs terres, ils prélèveront sur notre moitié une prime de 10 francs par hectare.

La Compagnie avance de 15 à 25,000 francs aux directeurs pour acheter des bestiaux, des instruments aratoires, et autres objets mobiliers.

Pendant les trois premières années, la Compagnie ne leur tient compte d'aucune perte ou dépréciation sur ces divers achats; et au bout de ces trois années les sommes qu'ils y ont employées reviennent à la Compagnie pour former les cheptels qui leur seront confiés.

Les traités sont passés pour neuf ans. Les défrichements doivent être terminés dans les trois premières années.

Des conditions analogues, sauf les modifications qu'il conviendra de faire pour les traités relatifs aux prairies, nous lieront avec les sous-directeurs de colonisation et les chefs de subdivisions déjà admis ou qui pourront l'être sur l'avis du comité de colonisation qu'il s'agit d'établir.

Créer dans l'agriculture des fonctions honorables, indépendantes, et offrant aux jeunes hommes appartenant aux familles distinguées des chances d'avancement et de fortune, enfin un avenir en harmonie avec leurs goûts et leur position sociale, tel est le but auquel nous tendons.

Un comité de colonisation, fondé sur les bases que nous établirons ci-après, pourra concourir à assurer le choix des personnes auxquelles nous confierons ces fonctions, et à former autour de nous une pépinière d'élèves capables de devenir les chefs de la colonisation de nos terres, de rendre cette colonisation permanente, et de perpétuer le meilleur mode d'exploitation.

Ce comité présidera à l'instruction gratuite qui sera donnée aux jeunes gens qui seront admis auprès des directeurs de colonisation comme aspirants sous-directeurs; il concourra aussi à les pénétrer d'une noble émulation.

Le nombre de ces aspirants est provisoirement fixé à vingt.

Le comité de colonisation étendra nos relations dans toutes les provinces de France; il recherchera l'appui et les lumières des sociétés d'agriculture et des personnes distinguées dans les arts agricoles et industriels; il réclamera de leurs hautes connaissances tous les renseignements nécessaires à notre colonisation, et toutes les idées de perfectionnement qu'ils pourront lui transmettre.

Le même comité correspondra avec le conseil d'agriculture établi à Paris par la Compagnie, et lui transmettra tous les documents qu'il sera à portée de fournir sur les questions qui seront soumises à ce conseil.

Des hommes amis de l'humanité, inspirés par des pensées toutes chrétiennes, ont créé des colonies agricoles d'indigents, dans le double but de fertiliser le sol et d'assurer l'existence de la classe pauvre; l'expérience a démontré les difficultés que présente ce mode de colonisation; des hommes distingués se sont occupés de les aplanir. M. Huerne de Pommeuse vient de publier un ouvrage fort intéressant, intitulé : *Des colonies agricoles de divers genres;* mais tout en admettant la réalisation de ses vues, nous avons pensé que c'était bien comprendre l'organisation sociale dans son ensemble que de créer une colonisation d'un ordre élevé où les jeunes gens qui appartiennent aux familles honorables trouveront l'emploi de leur temps à l'âge le plus précieux comme le plus dangereux de la vie.

Ils auront en perspective des conquêtes importantes; ils auront à féconder une des plus belles contrées de la France, et dont le sol, comme l'a dit M. le baron d'Haussez, dans les Études administratives sur les landes, qu'il a publiées en 1826, *n'attend pour produire que des mains qui sachent semer.*

Bonaparte avait eu la pensée de créer des commanderies agricoles dans l'ordre de la Légion-d'Honneur; il voulait honorer l'art de l'agriculture, en le ménageant comme une noble récompense aux hommes illustres qui combattaient sous ses drapeaux. Il y a en effet de la gloire à acquérir en fertilisant des terres incultes qui sont, pour ainsi dire, une tache sur le beau sol de la France.

Ainsi, nous croyons faire une œuvre utile à tous égards en établissant, de concert avec M. le comte de Bonneval, un comité de colonisation, d'après le règlement suivant.

RÈGLEMENT.

ARTICLE PREMIER.

Un Comité agricole de colonisation est établi à La Teste de Buch, arrondissement de Bordeaux.

Ce Comité a pour objet de concourir à la colonisation des propriétés actuelles de la Compagnie d'Arcachon, et de celles qu'elle pourra acquérir.

Il correspondra avec le conseil d'agriculture que cette compagnie a établi à Paris, et lui transmettra tous les documents et avis qu'il sera à portée de lui fournir sur les questions qui seront soumises à ce conseil.

Il correspondra aussi avec des sociétés d'agriculture, des propriétaires agronomes et des personnes choisies dans les départements, parmi celles qui sont connues par leur spécialité dans les sciences agricoles, financières, industrielles et économiques.

ART. II.

Le Comité aura jusqu'à concurrence de onze membres titulaires nommés pour neuf années consécutives, par la gérance de la Compagnie d'Arcachon, et choisis parmi les hommes distingués par leurs connaissances agricoles.

Ce Comité aura un président, un vice-président, un secrétaire-général, un secrétaire et un trésorier archiviste.

M. le comte de Bonneval, membre correspondant de la Société centrale et royale d'agriculture, principal directeur de colonisation de la Compagnie, est président de ce Comité.

M. le marquis de Mazan, directeur de colonisation, est vice-président.

Le secrétaire-général, le secrétaire et le trésorier archiviste seront nommés par le président avec le concours de la gérance.

Art. III.

Le nombre des membres correspondants est illimité. Ils sont nommés pour neuf ans par le Comité sur la présentation du président. Les membres correspondants devront transmettre au président leurs vues d'amélioration, et l'informer des progrès remarquables qui pourraient avoir lieu dans les cultures des contrées où ils résident.

Art. IV.

En cas que le président vienne à quitter ses fonctions avant l'expiration des neuf années, le vice-président lui succède de droit pour le temps qui reste à courir.

Art. V.

A l'expiration des neuf années d'exercice des membres titulaires du Comité, la gérance procèdera à leur remplacement ou à leur confirmation.

Le président et le vice-président seront élus par l'assemblée des membres titulaires.

Le secrétaire-général, le secrétaire et le trésorier archiviste seront nommés par le président avec le concours de la gérance.

Art. VI.

Le Comité se réunira au moins une fois par mois.

L'assemblée annuelle du Comité se tiendra du 1er au

15 mai; les convocations seront faites par le président; la gérance aura le droit de provoquer des convocations extraordinaires.

Art. VII.

Pour la validité des délibérations du Comité, il faudra la moitié, plus une, des voix des membres présents.

Art. VIII.

Chaque membre titulaire du Comité versera, tous les ans, entre les mains du trésorier-archiviste, la somme de cinquante francs pour contribuer aux dépenses du Comité.

Art. IX.

Le Comité correspond avec les Sociétés d'agriculture par l'organe de son président; ses relations avec les membres correspondants ont lieu par le même intermédiaire.

Il correspond avec le Conseil d'agriculture de la compagnie également par l'organe de son président et avec l'intermédiaire de la gérance.

Art. X.

La gérance ne nommera désormais aux emplois de directeur, sous-directeur, chef de subdivision coloniale et aspirant sous-directeur, qu'après avoir consulté le Comité de colonisation, et se conformera à ses avis, à cet égard, autant que le permettront les intérêts de la Compagnie.

Art. XI.

Les directeurs de colonisation devront être âgés de

trente ans au moins. Les sous-directeurs de vingt-cinq ans. Les chefs de subdivisions coloniales de vingt-un ans révolus.

Les aspirants sous-directeurs devront avoir satisfait à la loi sur le recrutement.

ART. XII.

Les directeurs de colonisation seront choisis parmi les propriétaires riches, recommandables par leurs connaissances en agriculture et dans les branches d'industrie qui s'y rattachent, enfin capables d'imprimer une utile et active influence sur les sous-directeurs, les chefs de subdivisions coloniales, et sur les aspirants sous-directeurs.

ART. XIII.

Les sous-directeurs seront pris parmi des propriétaires agriculteurs qui présenteront aussi les garanties nécessaires pour une exploitation importante.

ART. XIV.

Les chefs de subdivisions coloniales seront choisis parmi les aspirants sous-directeurs qui auront obtenu un certificat d'aptitude de leur directeur.

Le jeune homme qui se présentera pour être admis comme aspirant sous-directeur devra produire un certificat du membre correspondant de son département, constatant que le candidat possède déjà des notions d'agriculture, et qu'il offre par son instruction, sa conduite et sa famille toutes les garanties désirables.

ART. XV.

Le nombre des aspirants sous-directeurs est fixé pro

visoirement à vingt. Ce nombre pourra être augmenté ultérieurement par la gérance.

ART. XVI.

L'instruction théorique et pratique sera gratuite. Des conférences auront lieu sur les mathématiques, la mécanique, la physique, la géologie, la zoologie, considérées dans leurs rapports avec l'agriculture; sur la chimie principalement, en ce qui concerne les engrais et les distilleries, sur l'art vétérinaire; enfin, sur la législation et la comptabilité agricoles.

ART. XVII.

Chaque année des prix et des mentions honorables seront décernés, en présence de toute la colonisation réunie, aux aspirants sous-directeurs qui les auront mérités.

La principale de ces récompenses consistera en une mission scientifique en France ou à l'étranger, donnée dans l'intérêt de l'agriculture et de la Compagnie.

Les aspirants sous-directeurs qui auront obtenu cette récompense seront admis au comité avec voix consultative.

ART. XVIII.

L'aspirant sous-directeur est attaché à celle des directions qui lui sera désignée par la gérance, il est sous les ordres du directeur.

ART. XIX.

Sur l'avis du directeur auquel il sera attaché, l'aspirant sera apte après une année d'exercice à obtenir une subdivision coloniale, et à l'expiration de la seconde année il pourra concourir à une sous-direction, si son directeur lui a délivré un certificat d'aptitude.

Art. XX.

Le présent règlement pourra être modifié en vertu d'une délibération prise par le Comité sur la proposition de la gérance, et approuvée par le conseil d'agriculture de la Compagnie (1).

Signé COMTE DE BLACAS,
WISSOCQ,
CASEAUX.

Fait à Paris, le 17 mars 1838.

(1) Ce règlement, rédigé par les Directeurs Gérants de la Société d'Arcachon, avec l'utile concours de M. le comte de Bonneval, a été approuvé, à l'unanimité, le 16 mars 1838, par le conseil du contentieux de la Compagnie, et le lendemain, par le conseil d'agriculture, dans la séance qu'il a tenue, sous la présidence de M. le duc de Montmorency.

La création d'un tel comité est une preuve de plus que la Compagnie d'Arcachon n'est pas purement spéculative, mais qu'elle fait aussi une œuvre fort intéressante pour le pays, en concourant à placer l'art agricole à sa véritable hauteur, par une colonisation qui a pour garantie, la science, l'intelligence, la fortune et la loyauté. H***.

LOI

QUI AUTORISE L'EXÉCUTION D'UN CANAL DE NAVIGATION ENTRE LE BASSIN D'ARCACHON ET L'ÉTANG DE MIMIZAN.

Au palais des Tuileries, le 1er juin 1834.

LOUIS-PHILIPPE, Roi des Français, à tous présents et à venir, SALUT.

Les Chambres ont adopté, NOUS AVONS ORDONNÉ et ORDONNONS ce qui suit :

ARTICLE 1er.

L'offre faite par le sieur *Boyer-Fonfrède* d'exécuter à ses frais, risques et périls, un canal de navigation entre le bassin d'Arcachon et l'étang de Mimizan, est acceptée.

ARTICLE 2.

Toutes les clauses et conditions, soit à la charge de l'État, soit à la charge du sieur *Boyer-Fonfrède*, stipulées dans le cahier des charges arrêté, le 9 avril 1834, par notre ministre secrétaire d'État de l'intérieur, et acceptées sous la date du même jour par le sieur *Boyer-Fonfrède*, recevront leur pleine et entière exécution.

Néanmoins, soit pour l'irrigation, soit pour l'industrie, le Gouvernement conservera le droit d'autoriser des prises d'eau, s'il y a lieu, dans l'étang de Cazau, moyennant que ces prises ne soient établies et ne puissent subsister qu'à la condition d'employer seulement les eaux qui excéderaient les besoins de la navigation.

Ledit cahier des charges et le tarif qui l'accompagne resteront annexés à la présente loi.

ARTICLE 3.

Le sieur *Boyer-Fonfrède* ne pourra user de la présente loi, soit pour exproprier, soit pour commencer les travaux, qu'après avoir justifié valablement de la constitution du fonds social nécessaire à l'entière exécution du canal.

ARTICLE 4.

Le concessionnaire encourra la déchéance si, dans le délai de trois ans après la promulgation de la loi, il n'a point exécuté au moins la moitié des travaux, et si, dans le délai de cinq ans, il ne les a pas entièrement terminés, selon les bases stipulées dans le cahier des charges.

ARTICLE 5.

Dans le cas où le canal, une fois terminé, ne serait pas constamment entretenu en bon état, il y serait pourvu par l'administration aux frais du concessionnaire, qui sera tenu de rembourser les dépenses faites pour cet objet sur l'état rendu exécutoire par le préfet du département.

La présente loi, discutée, délibérée et adoptée par la Chambre des Pairs et par celle des Députés, et sanctionnée par nous cejourd'hui, sera exécutée comme loi de l'État.

DONNONS EN MANDEMENT à nos Cours et Tribunaux, Préfets, Corps administratifs, et tous autres, que les présentes ils gardent et maintiennent, fassent garder, observer et maintenir, et, pour les rendre plus notoires à tous, ils les fassent publier et enregistrer partout où besoin sera; et, afin que ce soit chose ferme et stable à toujours, nous y avons fait mettre notre sceau.

Fait au palais des Tuileries, le 1er jour du mois de Juin, l'an 1834.

Signé LOUIS-PHILIPPE.

Vu et scellé du grand sceau :

Le Garde des sceaux de France, ministre Secrétaire d'état au département de la justice et des cultes,

Signé C. PERSIL.

Par le Roi :

Le Ministre Secrétaire d'état au département de l'intérieur,

Signé A. THIERS.

LOI

QUI AUTORISE L'ÉTABLISSEMENT D'UN CHEMIN DE FER DE BORDEAUX A LA TESTE.

Au palais de Neuilly, le 17 juillet 1837.

LOUIS-PHILIPPE, ROI DES FRANÇAIS, à tous présents et à venir, SALUT.

Nous avons proposé, les Chambres, ont adopté, NOUS AVONS ORDONNÉ et ORDONNONS ce qui suit :

ARTICLE 1er.

Le ministre des travaux publics, de l'agriculture et du commerce, est autorisé à procéder, par la voie de la publicité et de la concurrence, à la concession d'un chemin de fer de Bordeaux à la Teste, département de la Gironde, conformément aux clauses et conditions du cahier des charges annexé à la présente loi, l'article 44 de ce cahier des charges excepté, et sauf les modifications exprimées en l'article 2 de la présente loi.

ARTICLE 2.

La contribution foncière sera établie en raison de la surface des terrains occupés par le chemin de fer et par ses dépendances; la cote en sera calculée comme pour les canaux, conformément à la loi du 25 avril 1803.

Les bâtiments et magasins dépendant de l'exploitation du chemin de fer seront assimilés aux propriétés bâties dans la localité.

L'impôt dû au trésor sur le prix des places ne sera prélevé que sur la partie du tarif correspondante au prix de transport des voyageurs.

ARTICLE 3.

La durée de la concession n'excèdera pas quatre-vingt-dix-neuf ans : le rabais de l'adjudication portera sur cette durée.

ARTICLE 4.

A l'expiration des trente premières années de la concession, et après chaque période de quinze années à dater de cette expiration, le tarif pourra être revisé; et si, à chacune de ces époques, il est reconnu que le dividende moyen des quinze dernières années a excédé dix pour cent du capital primitif de l'action, le tarif sera réduit dans la proportion de l'excédant.

ARTICLE 5.

Des règlements d'administration publique, rendus après que le concessionnaire aura été entendu, détermineront les mesures et les dispositions nécessaires pour assurer la police, la sûreté, l'usage et la conservation du chemin de fer et des ouvrages qui en dépendent. Toutes les dépenses qu'entraînera l'exécution de ces mesures et de ces dispositions resteront à la charge du concessionnaire.

Le concessionnaire est autorisé à faire, sous l'approbation de l'administration, les règlements qu'il jugera utiles pour le service et l'exploitation du chemin de fer.

La présente loi, discutée, délibérée et adoptée par la Chambre des Pairs et par celle des Députés, et sanctionnée par nous cejourd'hui, sera exécutée comme loi de l'État.

DONNONS EN MANDEMENT à nos Cours et Tribunaux, Préfets, Corps administratifs, et tous autres, que les présentes ils gardent et maintiennent, fassent garder, observer et maintenir, et, pour les rendre plus notoires à tous, ils les fassent publier et enregistrer partout où besoin sera; et, afin que ce soit chose ferme et stable à toujours, nous y avons fait mettre notre sceau.

Fait au palais de Neuilly, le 17e jour du mois de Juillet, l'an 1837.

Signé LOUIS-PHILIPPE.

Vu et scellé du grand sceau :

Le Garde des sceaux de France, ministre Secrétaire d'état au département de la justice et des cultes,

Signé BARTHE.

Par le Roi :

Le Ministre Secrétaire d'état au département des travaux publics, de l'agriculture et du commerce,

Signé N. MARTIN (du Nord).

ORDONNANCE DU ROI.

LOUIS-PHILIPPE, Roi des Français, à tous présents et à venir, salut.

Sur le rapport de notre ministre secrétaire d'État au département des travaux publics, de l'agriculture et du commerce;

Vu la loi du 17 juillet 1837, relative à la concession d'un chemin de fer de Bordeaux à la Teste;

Vu l'adjudication passée, le 26 octobre 1837, au profit de M. Fortuné de Vergès, et approuvée par notre ordonnance du 15 décembre suivant;

Vu les articles 29 à 37, 40 et 45 du Code de commerce;

Notre conseil d'État entendu,

Nous avons ordonné et ordonnons ce qui suit :

Article 1er.

La Société anonyme formée à Bordeaux pour l'établissement et l'exploitation d'un chemin de fer de Bordeaux à la Teste, est autorisée.

Sont approuvés les statuts de ladite Société, tels qu'ils sont contenus dans l'acte passé, le 23 février 1838, devant Me Lehon et son collègue, notaires à Paris, lequel acte restera annexé à la présente ordonnance.

Article 2.

Ladite Société sera soumise à toutes les obligations qui dérivent, pour M. Fortuné de Vergès, de l'adjudication passée à son profit le 26 octobre 1837, et du cahier des charges qui a servi de base à cette adjudication.

ARTICLE 3.

Nous nous réservons de révoquer notre autorisation en cas de violation ou de non-exécution des statuts approuvés, sans préjudice des droits des tiers.

ARTICLE 4.

La Société sera tenue de remettre, tous les six mois, un extrait de son état de situation au ministre des travaux publics, de l'agriculture et du commerce, au préfet du département de la Gironde, à la chambre de commerce et au greffe du tribunal de commerce de Bordeaux.

ARTICLE 5.

Notre ministre secrétaire d'État au département des travaux publics, de l'agriculture et du commerce, est chargé de l'exécution de la présente ordonnance, qui sera publiée dans le *Bulletin des Lois*, insérée au *Moniteur* et dans un journal d'annonces judiciaires du département de la Gironde.

Fait au palais des Tuileries, le 25 février 1838.

LOUIS-PHILIPPE.

Par le Roi :

Le Ministre Secrétaire d'État au département des travaux publics, de l'agriculture et du commerce,

N. MARTIN (du Nord).

www.ingramcontent.com/pod-product-compliance
Lightning Source LLC
LaVergne TN
LVHW020037170826
845678LV00001B/294
* 9 7 8 2 3 2 9 6 9 6 9 7 3 *